工业机器人
技术 与 应用

罗怡沁　杨爱喜　著

U0230806

化学工业出版社
·北京·

内容简介

《工业机器人技术与应用》全面且详细地介绍了工业机器人的各项关键技术，包括工业机器人的基础性知识：机械系统、运动轨迹规划、感知系统、控制系统等，在讲解感知系统时，充分解读了传感器的相关知识；也讲解了编程操作、虚拟仿真等进阶性技术；同时，本书最后三章通过讲解焊接机器人、AGV搬运机器人、装配机器人，让读者对各种不同类型的工业机器人有全面的认识和理解。

全书内容充实，图文并茂，适合对工业机器人感兴趣的初学者阅读学习，同时也可以作为高等院校机器人、智能制造相关专业的教材使用。

图书在版编目（CIP）数据

工业机器人技术与应用/罗怡沁，杨爱喜著. —北京：化学工业出版社，2024.3
ISBN 978-7-122-44705-0

Ⅰ.①工…　Ⅱ.①罗…②杨…　Ⅲ.①工业机器人
Ⅳ.①TP242.2

中国国家版本馆CIP数据核字（2024）第038387号

责任编辑：雷桐辉　　　　　　　装帧设计：王晓宇
责任校对：李　爽

出版发行：化学工业出版社
　　　　　（北京市东城区青年湖南街13号　邮政编码100011）
印　　装：三河市延风印装有限公司
787mm×1092mm　1/16　印张13　字数278千字
2024年5月北京第1版第1次印刷

购书咨询：010-64518888　　　　售后服务：010-64518899
网　　址：http://www.cip.com.cn
凡购买本书，如有缺损质量问题，本社销售中心负责调换。

定　　价：79.80元　　　　　　　版权所有　违者必究

作为国民经济的命脉，工业的发展能够推动社会进步与人类生活水平提高。随着材料技术、新能源技术及信息技术等的发展，自动化与智能化已经成为未来工业领域发展的主要趋势。

在工业制造领域的多种场景中，智能机器人不仅能够替代人类完成一些重复性的工作，而且操作效率更高，完成质量更稳定，工作安全性也能够得到极大保证，因此，智能机器人的应用场景正不断增多，已经逐渐成为数智化时代工业生产中不可或缺的组成部分。而且，随着新一代信息技术与机器人技术融合的加深，未来智能机器人的自主性和适应性必将得到极大提升，应用边界也会随之拓展，直至渗透到经济社会的方方面面。

目前，全球机器人产业正在蓬勃发展。根据国际机器人联合会（IFR）提供的数据，2024年，全球机器人市场总体规模有望突破650亿美元，其中工业机器人市场规模有望达到230亿美元。伴随市场规模的不断增长，技术层面的变革和应用领域的深化也驱动全球机器人产业进入新的发展阶段。而我国是工业大国，也已经成为全球机器人产业发展的中坚力量，随着"工业4.0"和"中国制造2025"的推动，工业机器人已经成为制造业智能化转型升级的核心环节。近几年，我国政府和相关部门制定和出台了一系列政策，以推动工业机器人相关产业的发展。比如，2023年1月，工业和信息化部等17部门联合印发《"机器人+"应用行动实施方案》，计划到2025年，制造业机器人密度较2020年实现翻番，并聚焦10大应用重点领域，突破100种以上机器人创新应用技术及解决方案，推广200个以上具有较高技术水平、创新应用模式和显著应用成效的机器人典型应用场景。

近些年，我国机器人产业发展迅猛，相关技术、应用产业及产业规模均接连实现突破，贯穿研发生产到工业应用的机器人产业链已逐步形成。作为"制造业皇冠顶端的明珠"，机器人的研发、制造、应用是衡量一个国家科技创新和高端制造业水平的重要标志。目前，工业机器人技术与应用水平的进步，不仅有助于推动工业制造领域的智能化转型升级，更能为我国经济社会的发展注入强劲动力。随着智能工程技术、专家系统技术、模糊控制技术等新兴技术的进步，工业机器人的网络化、模块化、标准化、通用化、智能化程度也将不断增强，并被赋予更理想的自我完善和修复能力。

近年来，我国机器人产业呈现良好发展势头。在技术、政策、市场等多重因素的驱动下，工业机器人的应用领域也不断拓展，3C电子、汽车、化工等均已经成为工业机器人需求极为旺盛的行业。根据国际机器人联合会（IFR）提供的数据，2024年，中国工业机器人的市场规模有望超过110亿美元。

我国制造业智能化、自动化升级的需求正日益迫切，工业制造领域的"机器换人"与"人机协作"也已经成为不可逆转的趋势。近几年，我国机器人产业的技术水平持续提升，运动控制、高性能伺服驱动、高精密减速器等关键技术和部件加快突破，整机功能和性能显著增强。目前，机器人产业正迎来升级换代、跨越发展的窗口期。作为新兴技术的重要载体，机器人产业的发展不仅能够推动我国制造业的数字化发展和智能化升级，还有助于应对人口老龄化等问题，从而进一步助力我国经济社会的可持续发展。因此，我国机器人产业必须主动迎接挑战，努力解决产业基础薄弱、核心技术受制于人等关键问题，从而抓住换代跨越的战略机遇。

本书立足于工业机器人的前沿理论和实际应用，全面阐述工业机器人的基本结构、技术原理与操作实践，主要内容涵盖工业机器人机械系统、运动轨迹规划、感知系统、控制系统、编程操作、虚拟仿真、焊接机器人、AGV搬运机器人、装配机器人等模块，力求理论知识与工程实践相结合，以工程图形、列表与文字融合的写作形式对工业机器人进行全方位的剖析，试图让读者深入了解工业机器人设计与操作的具体方法，以满足机械类应用型高级人才的培养目标。

因此，作为一本凝聚了对工业机器人技术与产业的长期思考、敏锐洞察以及学术成果的著作，本书可供从事工业机器人相关工作的工程技术人员阅读学习，也可用作高等院校机械工程、自动化、机器人、智能制造等相关专业本科和高职学生的教材，工业机器人爱好者也可以阅读学习。

著者

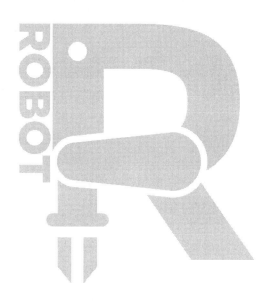

第1章

工业机器人概述

1.1 工业机器人的基础知识

1.1.1 工业机器人的发展背景

"机器人"一词来源于捷克剧作家卡里洛·奇别克（Kapel Capek）编写的戏剧《罗萨姆万能机器人制造公司》（*Rossum's Universal Robots*），在剧本中意为"人造劳动者"，现在人们用"Robot"来表示机器人。1938年3月，麦加诺杂志（*The Meccano Magazine*）公开了一款由格里菲斯·泰勒（Griffith P. Taylor）设计的工业搬运机器人模型，该模型是世界上出现的第一个工业机器人模型，能够在仅使用1台电动机的前提下带动5个轴运动。

随着机器人技术的不断发展，1954年，美国的乔治·德沃尔（George Devol）研发出首个可电子编程的工业机器人，并发布"通用机器人"专利。

1960年，美国机械铸造厂（American Machinery and Foundry，AMF）首次将能够控制点位和轨迹的柱坐标型Versatran工业机器人投入生产，并将其应用到搬运作业当中；1974年，美国的辛辛那蒂米拉克龙公司（Cincinnati Milacron）成功研制出多关节机器人；1979年，美国的万能自动化公司（Unimation）将视觉传感器、触觉传感器和力觉传感器装配到机器人当中，并在此基础上融合可变汇编语言（variable assembly language，VAL），开发出具有多关节、全电机驱动和多CPU的二级调度等特点的工业机器人——PUMA机器人。

这个时期的大多数工业机器人的结构都与PUMA机器人大同小异，均可看作是具有记忆能力和存储能力，且可按既定程序作业的示教再现型机器人，但这类机器人无法感知外部环境，也不具备反馈功能和控制能力。

20世纪80年代，传感技术和信息处理技术飞速发展，视觉传感器和非视觉传感器都逐渐成熟，具有感知能力的第二代机器人应运而生，并逐渐被广泛应用到工业生产当中。第二代机器人中装配了多种传感器，能够实时采集和处理周边环境信息，并执行作业任务。

现阶段，智能机器人已经成为全球各国关注的重点。与第二代机器人相比，智能机器人不仅具有更强的环境感知能力，还具有较强的逻辑思维能力，能够在作业过程中通过对作业要求和环境信息的分析自主完成判断和决策等多种工作。综上所述，工业机器人的发展脉络如图1-1所示。

1.1.2 工业机器人的概念特征

工业机器人是一种具有多功能、多自由度、机电一体化等特点的自动化机械设备，主要包括能够凭借自身的动力和控制能力自动完成各项工业制造相关工作的多关节机械手和机械装置。一般来说，工业机器人可以利用系统中的程序实现自动控制，并在此基础上与制造主机和生产线协同配合，形成单机自动化系统或多机自动化系统，进而在工业制造过程中完成搬运、焊接、装配和喷涂等多种工作。

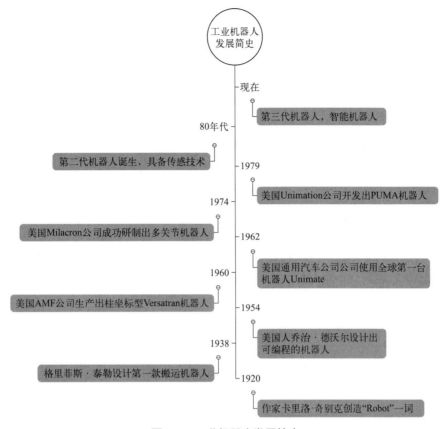

图1-1　工业机器人发展简史

近年来，工业快速发展，工业机器人技术不断升级，各类工业机器人在工业生产活动中的应用也日渐深入，并逐渐成为当前工业领域广泛应用的自动化设备。

具体来说，工业机器人具备以下几个方面的特点，如图1-2所示。

图1-2　工业机器人的主要特征

①可编程。工业机器人是柔性制造系统（flexible manufacturing system，FMS）的重要组成部分，能够针对不同的工作环境反复编程，适应工作环境的要求，提高工业生产的自动化和柔性化程度，助力工业领域实现小批量、多品种的柔性制造。

②拟人化。在机械结构方面，工业机器人具有前臂、手腕、爪子等诸多组成部分，能够像人一样自主完成行走、抓握、腰部旋转等动作；在感知能力方面，工业机器人中装配了力传感器、声觉传感器、视觉传感器、触觉传感器、负载传感器等多种传感设

备，能够像人一样有效感知并快速适应外部环境。

③ 通用性。大部分工业机器人都可以通过更换手端操作器的方式来满足不同操作任务的要求，适应不同的工业生产环境，由此可见，工业机器人在工业生产领域具有较强的通用性。

④ 机电一体化。工业机器人中融合了机械、微电子、计算机等多种技术，这些先进技术的应用大幅提高了工业机器人的智能化程度，就目前来看，第三代智能机器人不仅能够感知周边环境，还具有记忆能力、图像识别能力、语言理解能力和推理判断能力等多种智能化功能。由此可见，机器人技术的发展程度和应用水平也能够在一定程度上体现出国家的科研能力和工业技术发展水平。

1.1.3　工业机器人的系统构成

工业机器人通常包含机械结构系统、驱动系统、感知系统、环境交互系统、人机交互系统和控制系统六个子系统，如图1-3所示。

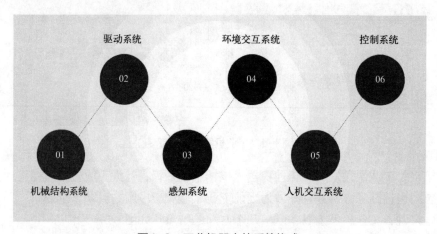

图1-3　工业机器人的系统构成

（1）机械结构系统

机械结构系统也称执行机构系统，是工业机器人的主要承载体，相当于人类的身体。从构成部分来看，机械结构系统可以分为基座、机身、腕部、臂部、末端执行器等，不同部分之间由关节等连接。其中，末端执行器也即工业机器人的手部，可以执行抓放工件、焊接等操作，其操作水平在一定程度上能够决定机器人的性能。此外，根据工业机器人应用场景的不同，各个部分的自由度也具有一定的差异，比如，需要在较大范围内工作的机器人，通常具备行走机构，能够在轨道或地面上运行。

（2）驱动系统

驱动系统是用于驱动机械结构系统高效运行的系统装置，可按照动力源分为液压驱动、气压驱动和电力驱动三种类型。

在机器人技术发展初期，大部分工业机器人采用的都是液压驱动系统，但液压驱动系统存在速度低、噪声大、易泄漏、稳定性差、功率单元价格高、功率单元灵活性差等诸多不足之处，因此现阶段除大型重载机器人和并联加工机器人外，只有极少数工业机器人在使用液压驱动系统。

工业机器人中用于抓取和装配中小负荷工件的气动手爪、旋转气缸、气动吸盘等末端执行器通常使用气压驱动，这种驱动系统具有速度快、成本低、易维修和结构简单等优势，能够有效驱动末端执行器完成抓取和装配工作，但同时也存在定位精度低、工作压强低等不足之处，无法支持末端执行器完成对精密度要求较高的工作。

现阶段，大部分工业机器人均使用步进电机或伺服电机来实现电力驱动，少数工业机器人使用造价和控制难度较高的直接驱动电机来驱动机械结构系统运行。电力驱动具有驱动力强、响应速度快、电源取用方便、信号检测方便、信号传递方便、信号处理方便、控制方式灵活等诸多优势，能够为机械结构系统高效稳定运行提供有效驱动力。

（3）感知系统

感知系统能够广泛采集机器人的位移、速度和力等各项内部工作状态相关信息和周边环境信息，并将这些信息以信号的形式转化为易于理解和应用的数据，从而为机器人执行各项工作任务提供数据上的支持。

机器人感知系统主要包括内部传感模块和外部传感模块两部分，各类智能化技术在感知系统中的应用能够有效提高机器人的机动性、适应性和智慧性，同时机器人感知系统中的视觉伺服系统能够通过视觉传感器广泛采集视觉信息，并将这些信息作为反馈信号来调整当前所处的位置和姿态。不仅如此，机器人感知系统中的视觉系统还可以在工件识别、质量检测、食品分拣、产品包装等多个工作环节中发挥作用，提高各项工作的高效性和准确性。

（4）环境交互系统

环境交互系统连接着焊接单元、装配单元、加工制造单元等多个功能单元，能够与外部环境中的设备及其他机器人互相交流、协同作用，并通过集成功能单元或多台机器人互相协同的方式来高效完成各项工作任务。

（5）人机交互系统

人机交互系统主要由信息显示板、指令控制台、危险信号报警器和计算机标准终端等多个部分组成，能够为机器人与人之间的交流沟通提供支持，帮助机器人操控人员实现对机器人的有效控制。

（6）控制系统

控制系统有多种分类方式，具体来说，既可以根据有无信息反馈特征分为闭环控制系统和开环控制系统两种类型，也可以根据控制原理分为程序控制系统、适应性控制系统和人工智能控制系统三种类型，还可以根据控制运动形式分为点位控制和连续轨迹控制两种类型。一般来说，机器人控制系统可以在深入分析作业指令和传感器反馈信号的基础上操控机器人执行工作任务。

1.1.4　工业机器人的关键技术

机器人控制系统能够直接影响机器人的功能和性能。工业机器人控制技术的应用能够帮助工业领域的工作人员控制工业机器人改变位置、姿态、动作、运动轨迹、操作时间和操作顺序，同时还能为工作人员提供更简单的程序、更易操作的软件菜单、更直观的人机交互界面和在线操作提示。

具体来说，工业机器人主要涉及以下几项技术，如图1-4所示。

图1-4　工业机器人的关键技术

（1）开放性模块化的控制系统体系结构

工业机器人主要由编程示教盒、运动控制器（MC）、传感器处理板、机器人控制器（RC）、光电隔离I/O控制板组成，其控制系统大多采用分布式CPU计算机结构。具体来说，编程示教盒主要用于显示和录入信息，且可以借助串口/控制器局域网（controller area network，CAN）总线来实现与机器人控制器（RC）之间的信息交流，同时机器人控制器（RC）还可以借助主计算机，实现插补、运动规划、位置伺服、主控逻辑、传感器处理和数字计算机接口（input/output，I/O）等多种机器人控制功能。

（2）模块化层次化的控制器软件系统

工业机器人的控制器软件系统大多以开源的实时多任务操作系统Linux为基础，具有模块化、层次化和开放性的特点。从层次上来看，控制器软件系统主要包括硬件驱动层、核心层和应用层三部分，这三个层次的内部包含不同的功能模块，每个层次中的功能模块都能够互相协作，实现与该层次相对应的各项功能。

（3）机器人的故障诊断与安全维护技术

机器人故障诊断与安全维护技术能够通过对各项相关信息的分析处理，找出并解决机器人中存在的故障，充分确保机器人的安全性。

（4）网络化机器人控制器技术

网络化机器人控制器技术的应用有助于机器人控制器实现串口、现场总线和接入以太网等多种功能，能够为多个机器人控制器之间的信息通信提供方便，同时工业领域的相关工作人员也可以借助网络化机器人控制器技术来监控、诊断和管理机器人生产线，确保生产线稳定运行。

1.1.5　工业机器人的应用领域

20世纪70年代后期，人们开始研究第二代机器人，积极开发机器人的感觉功能，到20世纪90年代，第二代机器人已经在日渐成熟的智能化技术和计算机技术的支持下广泛应用于多个领域当中。目前，机器人已经发展到第三代，第三代机器人也被称作智能机器人，具有视觉、触觉、运动等多种功能，手部的灵活性也大幅提高，并逐渐被应用到各个领域当中。

工业机器人的应用领域非常广泛，主要体现在以下行业，如图1-5所示。

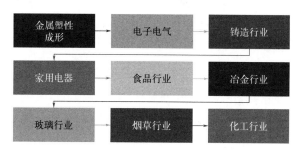

图1-5　工业机器人的应用领域

（1）金属塑性成形

金属塑性成形机床的加工过程存在噪声污染大、劳动强度大、金属粉尘多、环境污染严重、工作内容枯燥、工作环境温度高、工作环境湿度大等诸多问题，导致金属塑性成形领域人力资源不足，亟须使用工业机器人来完成金属塑性成形机床的加工工作。工业机器人在金属塑性成形领域的应用主要包括热模锻集成、数控弯折机集成、冲压机集成和焊接，这些应用既能有效缓解人力资源短缺的问题，也能大幅提高生产的效率、精度和安全性。由此可见，工业机器人在金属塑性成形领域有着良好的应用前景。

（2）电子电气

工业机器人在贴片元器件、微型电子器件（integrated circuit，IC）等电子电气领域主要应用于分拣装箱、撕膜系统、高速码垛和激光塑料焊接等工作当中。具体来说，服务于电子电气领域的工业机器人大多为SCARA型四轴机器人和串联关节六轴机器人，公开数据显示，这两类机器人的装机量可达工业机器人全球总装机量的一半。

（3）铸造行业

铸造行业存在环境温度高、环境污染严重、环境重力失调、机器负担重和工人负担重等问题，随着绿色环保理念日渐深入人心，铸造行业亟须借助工业机器人的力量实现绿色制造。具体来说，工业机器人在铸造行业主要应用于浇筑、搬运、清理和码垛等环节当中，这些应用既能够有效优化工作流程，提高铸造流程的灵活性、高效性和环保性，也能改善工作环境，在减少资源浪费和成本支出的同时充分确保产品的质量和精度，帮助铸造行业实现绿色高质量生产。

（4）家用电器

家用电器行业属于劳动密集型产业，随着经济的发展和社会的进步，人们对家用电器的需求逐渐降低，对家用电器的要求却在不断升高。近年来，家用电器行业出现人力成本增长、人口红利消失等问题，同时精密制造技术快速发展，因此家用电器行业亟须将工业机器人应用到各个生产环节中，解决行业内出现的各项难题，积极适应时代和技术的发展。

工业机器人在家用电器行业主要应用于生产、加工、搬运、测量和检验等工作当中，能够有效解决重物中转问题，提高整个生产流水线中物料流通的流畅性，从而充分确保生产的连续性和可靠性，并稳定产品质量。

（5）食品行业

近年来，人们的生活水平进一步提高，对饮食的要求不断提高，饮食需求也逐渐呈现出多样化的特点，因此食品行业开始向精致化和多元化的方向发展，降低单种产品的单次生产数量，提高产品种类的丰富度。就目前来看，我国食品行业的工厂大多采用人工包装的方式来完成产品的包装、排列和装配等工作，仍旧存在产品包装不统一、产品被污染等问题。包装机器人、拣选机器人、码垛机器人、加工机器人等工业机器人在食品行业的应用，集成了传感器、人工智能和机器人等多种先进技术，能够自动适应食品生产加工过程中出现的变化，以智能化的方式完成包装、拣选、码垛、加工等工作。现阶段，我国已开发出包装罐头机器人、切割牛肉机器人等多种食品工业机器人，并将这些机器人投入食品生产工作当中。

（6）冶金行业

铸造厂和钢/金属加工是冶金行业的重要组成部分，工业机器人在冶金行业的应用能够代替人力自动完成钻孔、切割、铣削、折弯和冲压等工作，进而提高工作效率，减轻相关工作人员的工作压力，同时工业机器人也可以在焊接、安装、装卸等工作中发挥作用，帮助企业提高生产效率，缩短生产周期，从而提高企业的经济效益和市场竞争力。

（7）玻璃行业

玻璃纤维、平面玻璃、管状玻璃和空心玻璃等高科技矿物材料是建筑工业等领域的必需品，也是化学、医药、化妆品和电子通信工业的重要组成部分，且玻璃等材料的生产制造过程对洁净度有着极高的要求，因此玻璃行业需要将工业机器人应用到玻璃的生产制造工作当中，充分确保玻璃的生产质量和生产效率。

（8）烟草行业

工业机器人在烟草行业的应用能够代替人力完成卷烟原、辅料配送、搬运，卷烟成品码垛等工作，从而提高工作的自动化程度，减少人力成本支出，提高物流系统的准时性，降低工作出错率和烟箱破损率。

（9）化工行业

工业机器人在化工行业的应用既能充分满足化工产品生产在纯度、质量、精密性和微型化等方面的要求，也能确保化工产品生产环境的洁净度，提高产品的合格率。近年来，化工行业对化工产品生产环境的洁净度的要求不断提高，未来，洁净机器人等工业机器人在化工行业的应用将越来越广泛。

1.2 工业机器人的类型划分

工业机器人根据应用场景、功能要求的不同，可以分为多种类别，以下将从拓扑结构、坐标系、控制方式三个角度进行划分，并对分类下的具体机器人类型进行简要介绍，其分类图谱如图1-6所示。

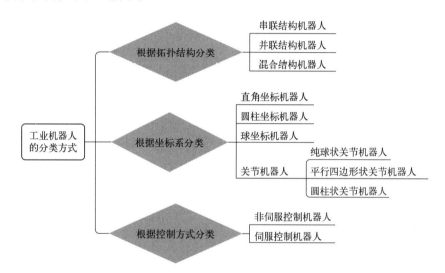

图1-6 工业机器人分类图谱

1.2.1 根据拓扑结构分类

如果按照拓扑结构划分，具体可以分为串联结构机器人、并联结构机器人与混合结构机器人三种类型。

（1）串联结构机器人

串联结构机器人的主要特征是由一系列连杆和关节串联而成，形成一个机械臂的链式结构，这是一种应用最广泛的结构形态。在工业机器人技术发展初期，大部分工业机器人都采用串联的机械结构，在这种串联结构的机器人中，一个轴的坐标原点会随着另一个轴的运动而不断变化，其基本结构如图1-7所示。

通常，串联结构机器人由计算机控制系统控制，关节被用于连接相邻机械臂段的重要部分，每个关节都分别由一台电机驱动，并通过减速器和传动装置来驱动连杆，而机械臂段的长度和数量决定了串联机器人的工作范围和灵活度。

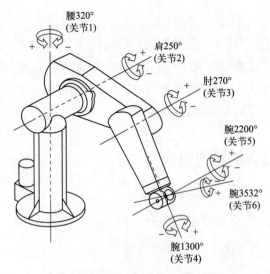

腰320°
（关节1）

肩250°
（关节2）

肘270°
（关节3）

腕2200°
（关节5）

腕3532°
（关节6）

腕1300°
（关节4）

图1-7　串联结构机器人基本结构

在具体应用中，串联机器人有着自由度强、灵活性高、工作空间大等优势，且关于该机器人的运动分析比较容易，只需要对各个关节进行调整，就可以改变其末端执行器的可移动的范围。该类型机器人在装配车间、机床、喷涂、焊接等场景中应用广泛。

（2）并联结构机器人

并联结构机器人的并联机械结构主要包括手腕和手臂两部分，其中手臂的长度决定了机器人的手臂活动空间，手腕连接着手端操作器和机器人主体，决定着机器人的灵活性，如图1-8所示。并联结构机器人的特征是：动平台（即末端执行器）与静平台（也称为"定平台"，即基座）通过至少两个独立的运动链相连接，其机构以并联方式驱动形成闭环，且具有2个或2个以上自由度。

并联机器人的动平台与静平台通常由结构相同且位置对称的"腿"连接，每条"腿"发挥着串联运动链的作用，一般有1个或2个主动自由度（如图1-8中的主动臂部分），其余自由度则都是被动自由度（如图1-8中的从动臂部分）。并联机器人的运动空间也具有一定的对称性，主要取决于驱动关节类型和"腿"的数目。

并联机器人可以按照自由度进一步细分，其自由度类型通常有2～6不等。其中，二自由度并联机构的自由度最少，其运动方式相对单一，主要适用于平面或球面定位。自由度越高则意味着并联机构形式越复杂，如果与不同数目的运动链相配合，应用范围将进一步扩展。

在位置求解方面，串联机器人和并联机器人之间的差别较大，串联机器人具有正解易、反解难的特点，而并联机器人则具有反解易、正解难的特点。不仅如此，并联机器人还具有比串联机器人更加稳定的结构、更大的刚度、更强的承载能力、更小的运动负荷和更高的微动精度。

串联机器人与并联机器人基于结构差异，各自有其优势和特点，所适用的场景也不同。例如，并联机器人常常被运用于机械设备集成或产线的高速分拣、包装等场景中。

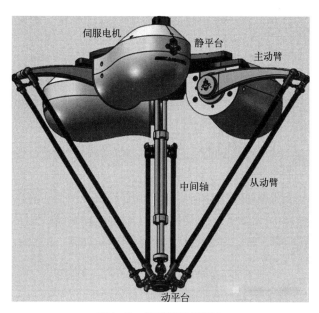

图1-8 并联结构机器人

企业在选择机器人时，要从实际需求出发，综合流程、人力、成本等多方面考虑，从而确定适宜的机器人类型。串联机器人与并联机器人不同特点的对比情况如表1-1所示。

表1-1 串联机器人与并联机器人的特点比较

项目	串联机器人	并联机器人
工作空间	大	小
刚度	低	高
负载能力	低	高
结构	简单	复杂
位置精度	误差积累	误差平均化
速度	较低	较高
加速度	较低	较高
减速器	需要	不需要
控制	简单	复杂

（3）混合结构机器人

混合结构机器人是指串联机器人与并联机器人的有机结合，从结合的方式或程度来看，主要有以下三种类型，如表1-2所示。

表1-2 混合结构机器人的类型

序号	类型
1	串联结构中的某部分关节或连杆由并联结构代替，即并联结构通过其他结构串联而成，这是混合结构机器人最常见的形式
2	以串联机器人的形式连接多个并联结构，即多个并联结构直接串联起来，该类型常用于构造柔性机器人
3	以并联结构为主，在其支链中采用不同的结构，包括嵌入其他并联结构或串联结构等

混合机器人兼具并联机器人和串联机器人的特点和优势，在灵活性、工作空间范围、使用场景和整体性能等方面有了进一步提升。

1.2.2 根据坐标系分类

在车间、产线等具体应用场景中，不同作业环节对工业机器人的性能要求也不同。例如，在码垛、装配、焊接、喷涂、机械加工等手工业作业流程中，对机器人的关节数量、负载能力、精确度、工作空间等方面的要求各有侧重。由此，坐标机器人可以较好地满足不同场景的作业需求。

坐标机器人的主要特点是其运动自由度构成空间直角关系，在沿着X、Y、Z直角坐标轴做线性运动的过程中完成作业，具体可以分为直角坐标机器人、圆柱坐标机器人、球坐标机器人和关节机器人等，具体的特点及应用情况如表1-3所示。

表1-3 坐标机器人的类型、特点及应用

名称	简介	优点	缺点	应用领域
直角坐标机器人	又称"笛卡儿坐标机器人"，主要有悬臂式和龙门式两种	很容易通过计算机实现控制，容易达到高定位精度，简易和专用的工业机器人常采用这种结构形式	所占空间大，工作空间小，操作自由度差	点胶、注塑、喷涂、码垛、搬运、上下料等工序，应用于电子、机械、汽车等行业
圆柱坐标机器人	通过两个移动和一个转动来实现手部空间位置的改变	运动学模型简单；末端执行器可获得较高速度；直线部分可输出较大动力；相同工作空间，本体占体积比直角坐标机器人小	手臂不能到达近立柱或近地面的空间，末端执行器外伸离立柱轴心越远，线位移分辨精度越低；手臂后端会碰到工作范围内其他物体	码垛、分拣、包装、金属加工、搬运、上下料、装配、印刷等常见的工业生产领域
球坐标机器人	手臂按球坐标形式配置，手臂运动由一个直线运动和两个转动组成	所占空间小，结构紧凑；中心支架附近的工作范围大，伸缩关节的线位移恒定	该坐标复杂，轨迹求解较难，难于控制，且转动关节在末端执行器上的线位移分辨率是一个变量	应用非常广泛的一种装配机器人，主要应用于搬运作业
关节机器人	由多个转动关节串联起若干连杆，其运动由前后俯仰及立柱回转构成。有3种形状：纯球状、平行四边形状和圆柱状	纯球状：机械臂可越过工作范围的人和障碍物；平行四边形状：结构紧凑，工作范围广，占用空间小，动作灵活，轻易避障，对多种作业状态能很好适应；圆柱状：结构简单，水平方向有顺应性，速度快、精度高，柔性好	纯球状：与球坐标机器人相比，工作空间小；平行四边形状：运动学模型复杂，高精度控制难度大，与纯球状关节机器人的工作范围相比较，受到的限制较大；圆柱状：在垂直方向刚度较小	纯球状：用于搬运、码垛、抛光、焊接、喷涂等工作；平行四边形状：用于装配、货物搬运、焊接、喷漆、点焊等工作；圆柱状：用于装配，电子、机械和轻工业等有关产品的搬运、调试等工作

（1）直角坐标机器人

直角坐标机器人的结构相对比较简单，通常其各个直线运动轴间的夹角为直角，其手部通过在垂直轴线上移动来改变空间位置。其基本结构如图1-9所示。

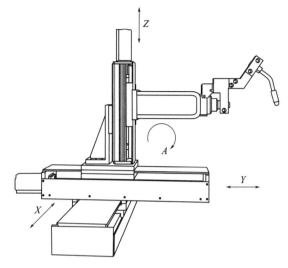

图1-9 直角坐标机器人基本结构

直角坐标机器人也称为"笛卡儿坐标机器人",按形态结构主要分为悬臂式和龙门式两种,如图1-10所示。直角坐标机器人由于可以灵活配置轴线运动单元长度,因此工作空间受限影响较小,可以实现最大的可接近性。同时,该型机器人还具有负载能力强、扩展能力强、动态性高、简单经济等优势。

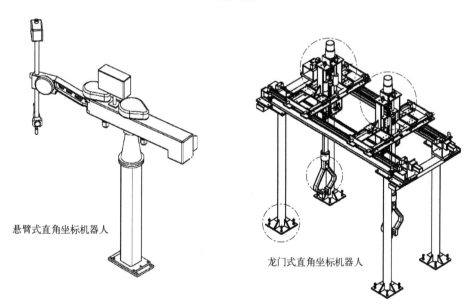

悬臂式直角坐标机器人

龙门式直角坐标机器人

图1-10 悬臂式与龙门式直角坐标机器人

（2）圆柱坐标机器人

圆柱坐标机器人是指机器人的手臂位移形式根据圆柱坐标系配置,主要涉及参数有手臂的径向长度（通常用r表示）、手臂绕水平轴的角位移（通常用θ表示）和垂直轴上的高度（通常用z表示）,其工作方向包括上、下两个直线方向和一个旋转方向,手臂的空间定位比较直观。该型机器人通常用以完成将工件从一条流水线拿到另一条流水线的简单动作。圆柱坐标机器人基本结构如图1-11所示。

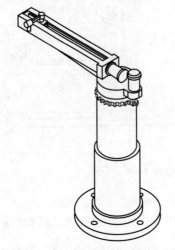

图1-11　圆柱坐标机器人基本结构

（3）球坐标机器人

球坐标机器人采用球坐标系，主要通过旋转关节和滑动关节来确定部件位置和运动姿态。该型机器人的工作范围呈球缺状，可覆盖空间较大，其紧凑型设计能够与地面、墙壁或其他倾斜平面适配，从而实现空间利用效率的最大化。基于安装位置灵活的特点，在进行负载能力改装后，能够完成切割、激光焊接、抛光、喷漆、安装等机械加工工序。但由于球坐标系比较复杂，对轨迹控制的技术要求也更高。球坐标机器人基本结构如图1-12所示。

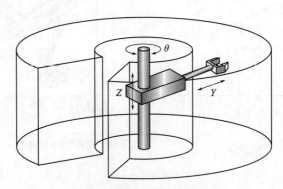

图1-12　球坐标机器人基本结构

（4）关节机器人

关节机器人也称"关节机械手臂"，其最大特点是各个关节可以灵活转动或运动，以此完成作业任务。该类机器人根据形状主要可以分为纯球状、平行四边形状和圆柱状等。

① 纯球状关节机器人。该型机器人的所有连杆通过枢轴装配，枢轴有一定的转动角度，通过相互配合实现灵活旋转。基于此结构，该型机器人的工作包络范围呈现出球状。而小型轻巧的传感元件、结构紧凑的手臂，使其具备了在狭小空间内灵活动作的能力，因此在检验测量、电极修磨、激光切割、点焊等工序中应用广泛。图1-13为库卡公司推出的KR QUANTEC nano纯球状关节机器人。

图1-13　KR QUANTEC nano纯球状关节机器人

② 平行四边形状关节机器人。该类型机器人在纯球状关节机器人的基础上，将单一的刚性构件的上臂替换为多重闭合的平行四边形连杆结构，由此提升了承载能力。同时，其机械手臂的刚度比其他大多数类型机器人的机械手臂刚度更大。图1-14为发那

图1-14　M410iB/700平行四边形状关节机器人

科公司推出的M410iB/700平行四边形状关节机器人。

该类型机器人需要较大的作业空间，往往被运用于码垛、装配、货物搬运、喷漆、电弧焊、点焊等场景中，应用性较强。

③ 圆柱状关节机器人。圆柱状关节机器人也称为"平面关节机器人"或"装配机器人"，具有精密度高、速度快等特点，多用于机械、电子等轻工业产品的装配、调试和搬运工作。图1-15为埃斯顿公司推出的ER50-1200-SR圆柱状关节机器人。

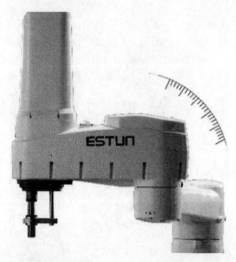

图1-15　埃斯顿ER50-1200-SR圆柱状关节机器人

在选择机器人时，要从实际生产作业需求出发，结合不同类型机器人的运动特点、结构特点和功能特性进行选择。例如，如果要在有限空间内进行点焊作业，可以选择纯球状关节机器人；如果要将产线上已打包好的产品进行入库，可以使用平行四边形状关节机器人；等等。除了基本功能，还需要考虑兼容性、作业流程、运行成本等因素。

1.2.3　根据控制方式分类

从控制方式的角度看，工业机器人主要分为非伺服控制机器人和伺服控制机器人两种类型，其具体特点如下。

（1）非伺服控制机器人

一般来说，非伺服控制是一种较为简单的控制形式，采用该控制形式的机器人根据预先设定好的程序完成作业任务，因此也被称为"开关式机器人"或"端点机器人"。整个控制流程会运用到插销板、定序器、终端限位开关、制动器等。

如果不考虑用途或结构，单就该型机器人本身来说，它具有以下特点：一是每个轴通常只设定起点和终点两个位置，轴在离开起点后，将保持运动直至到达终点；二是在轴运动的过程中没有监测，只有碰到预先设定好的定位挡块时才停止运动；三是该类型机器人采用开环控制的形式，其位置精度有限，但操作简单，成本较低。

（2）伺服控制机器人

伺服控制机器人的控制模式更为复杂。该类机器人主要分为点位伺服控制机器人和连续轨迹伺服控制机器人，前者根据预先规定的空间采样，通过从一个点位目标移动到另一个点位目标实现控制，且只在目标点位上完成操作，因此其移动路径通常为最快的直线路径，对移动中的运行平稳度要求不高，常用于点焊、搬运作业；后者则是依据某个规定的路径（可以是直线也可以是曲线）平滑移动，具有较好的运行和控制特性，其采样方式以时间为主，主要用于喷涂、弧焊、检测等作业场景中。

无论哪种伺服控制机器人，都需要对其运动的速度、位置等信息进行连续监测，并将这些实时反馈到控制系统中，以更新或修正位移指令，从而实现对机器人运动轨迹的精准控制。由此，闭环控制是伺服控制机器人采用的一般方式，这是使机器人在各轴行程范围内处于正确运动状态的基础。

非伺服控制机器人与伺服控制机器人的对比如表1-4所示。

表1-4　非伺服控制机器人与伺服控制机器人对比

名称	运动方式	控制状态	位置精度	价格
非伺服控制机器人	每个轴只在起始位置与终止位置之间运动，直至走完各自的行程范围为止	各轴均处于开环控制状态，轴开始运动后，只有碰到适当的定位挡块时才停止运动，运动过程中没有监测	灵活性有限	较低
伺服控制机器人	几个轴之间"协同运动"，使机械手的端部描绘出一条极为复杂的轨迹，一般在小型或微型计算机控制下自动进行	各轴均处于闭环控制状态，从而使得机器人的构件能够按照指令在各轴行程范围内的任何位置移动	在机械允许的极限范围内，位置精度可通过调节伺服回路中相应放大器的增益加以变动	较高

1.3　工业机器人的技术参数

1.3.1　自由度

在机器人产业中，基于不同的作业场景需求，各类机器人在结构设计、用途、性能等方面各有侧重。而我们对机器人进行评价与选择时，主要涉及的技术参数有自由度（控制轴数）、精度（包括定位精度和重复定位精度等）、工作空间、最大速度、承载能力等。

下面我们首先对自由度进行简单介绍。所谓自由度（degree of freedom，DOF）即坐标轴数，机器人的自由度大小取决于它在空间中能够自由变动的关节、轴或运动部件的数量及其机械结构，如图1-16所示。

一般来说，轴数量越多，其自由度越高，机器人动作的灵活性越强。高自由度的机器人与人手的动作功能更加接近，从而能够完成更加复杂的任务（如多轴运动、精准定

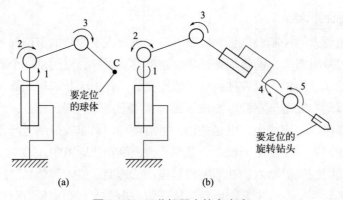

图1-16　工业机器人的自由度

位、灵活抓取等），通用性也越好。同时，高自由度机器人的结构也更为复杂，对控制系统、整体性能的要求也越高。

现阶段常见的工业机器人通常具有3 ～ 7个自由度，即三～七轴。轴数的选择需要从实际应用需求出发，并结合工作空间、成本、效率、未来的扩展性等因素综合考虑。例如，在一些不要求灵活性的作业场景或简单的装配任务（例如在传送带之间拾取放置零件）中，选择三轴或四轴的机器人即可达到目的，同时有利于降低成本；如果可供机器人活动的空间比较狭小，则可以选择六轴或七轴机器人，此类型机器人可以将机械臂扭曲或反转，从而在有限的空间内完成作业任务。

目前，六轴机器人在各类工业化作业场景中得到了广泛使用。六轴机器人在自由度、灵活性、精度、操作能力等方面与人类的手臂极为相似，可以代替人类完成生产作业中的大部分工作，如图1-17所示。

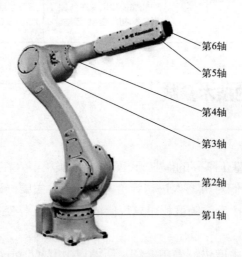

图1-17　六轴机器人

六轴机器人的固定基座结构相当于人的肩膀，其关节相当于人的肘部、手腕，而移动末端执行器相当于人的手，通过安装钻头、喷灯、喷漆器、夹具等执行器，来模拟和实现一些人手的功能，六轴机器人在某些精确操作、精确定位的场景中发挥了重要作用。图1-17为KUKA和ABB公司推出的六轴机器人。

从运动学角度看，一些机器人所具有的自由度超过了作业任务所需自由度数量，此类机器人称为"冗余度机器人"或"冗余自由度机器人"。这些额外的关节或自由度，使执行操作的机器人具备了更多的运动选择，其灵活性得以提升，能够准确避开障碍物，更好地适应复杂的工作环境和空间。

自由度是评价机器人适用性的重要指标，高自由度带来了高灵活性，其性能也随之加强。但相对地，自由度越高，对机器人的设计和控制也越复杂，要实现对各个关节、运动轨迹的精准控制，就需要更高级的算法和技术。

1.3.2　精度

精度是评价工业机器人性能的重要参数，在不同的标准下其含义有所不同，这里主要对定位精度和重复定位精度进行介绍。定位精度，即机器人的末端执行器所到达的位置和姿态的准确度，目标位置是其参考依据；重复定位精度，即指机器人的末端执行器在多次执行相同操作时，能够重复返回到预定位置的能力，通常用标准偏差这一统计量来表示。

（1）定位精度

定位精度在工业应用中非常重要，如果机器人末端执行器所到达的位置与目标位置之间的差距越小，说明精度越高，反之精度越低。定位精度通常以误差值或容许偏差来表示，以毫米、微米或角度为单位。一般来说，具体的定位精度要求取决于应用场景的实际需求，具有低级计算机模型的非标定制执行器的精度范围大概在±10mm，而部分要求较高的机械工具执行器的精度范围约在±0.01mm。定位精度的变化主要与机器人的制造工艺、反馈装置和驱动器分辨率有关。

（2）重复定位精度

重复性是机器人机械系统的基本特征之一，对重复运行的机器人的精度的评价涵盖多个方面，如重复位姿精度、重复轨迹精度、重复定位精度等。其中，重复定位精度反映了机器人在不同执行周期或运行次数下，能否保持一致位置的准确度，这一指标是评价机器人在连续生产过程中是否能够保持任务一致性和稳定性的重要标准，如果机器人在重复任务中无法返回到预定位置，则可能导致装配误差和产品质量下降等问题。进行精度计算时，我们需要对比末端执行器每次到达的位置（包含长度、角度等数值）与所设定次数的平均值之间的差值，这一数值越小，则精度越高。一般来说，随着重复次数增加，机器人的重复定位精度呈正态分布，这受到机器人的驱动器分辨率和反馈装置的影响。

不同机器人的执行器控制程序也各有差异，制造商们大多倾向于自主定义一个参量来作为评价重复性的参考标准。执行器从初始位置（此时的位置即作为标准位置）开始运动，完成操作后返回初始位置（此时所处实际位置），参量所代表的就是实际位置与标准位置之间的差距；在重复任务中保持同样的安装设定、载荷和运行程序等，是参量有效性的前提。通常，大型点焊机器人的重复定位精度范围在 ±0.2mm，对精确度要求高的机器人能够达到 ±0.005mm。

1.3.3 工作空间

在描述工业机器人的工作空间时，通常会涉及两层含义：一是可达工作空间，即机器人的末端执行器安装点（非执行器末端）或"手腕"参考点所能达到的空间区域；二是灵活工作空间，即机器人在满足某种姿态的条件下，其特定部位能够达到的空间位置的集合。灵活工作空间是可达工作空间的子集，工作空间是评价机器人工作能力的重要参数。在理解和分析工作空间时，要注意以下几点：

① 一般来说，工业机器人说明书中所描述的工作空间是指机械臂的"手腕"关节处在运动时所能到达的点的集合，而不是末端执行器端点能够覆盖的区域。因此，在选用和配置机器人时，应该考虑执行器末端所能达到的实际工作空间的情况。

② 机器人说明书中所描述的工作空间与运动学意义上的最大空间不同，由于机器人的工作空间与机械结构有关，在实际使用中不同的机械臂位姿所能达到的最大速度、最大加速度和能够承担的有效负载不同，作业任务的变化可能使姿态可达性降低；同时，臂杆最大位置允许的极限值通常比其他位置更小。另外，机器人在运行过程中可能因奇异位形（例如机构处于死点停止运动、失去稳定性等）导致自由度退化，进而缩小可利用的工作空间。

③ 工业机器人的机械结构是影响工作空间的重要因素。实际上，在工作空间范围的内部也存在机械臂端无法到达的区域，即所谓的"空腔"或"空洞"。空腔具有完全的封闭性；空洞通常是沿转轴周围分布的机械臂端无法达到的空间。

1.3.4 最大速度

最大速度主要是指机器人在带载荷条件下稳定运行（运动）时或空载运行时，在单位时间内所转动的角度、弧度，或移动的距离，计算时通常以工具中心点或机械接口中心作为参考点，各运动轴的最大速度一般分别标注。某一关节或某一轴的运动速度被称为"单轴速度"，当多个轴同时运动时，机器人的空间运动速度是所有运动轴的速度的合成，也被称为"合成速度"。

机器人关节的最大运动速度受到多方面因素的影响，这些因素包括机器人驱动电机的功率、结构刚性、部件的惯量和质量、实际负载大小等。而从外部环境看，由于当电流一定时，功率与电压成反比，因此进行长距离运动的机器人的最大速度最终受到电动机所允许最大转速或总线电压的制约。

就结构固定的机器人来说，因为其最大行程是固定的，因此额定速度（不同于最大速度，可以基于额定负载等条件设定）越高，完成位移需要的时间越短，工作效率则越高。机器人在作业过程中，会经历启动加速、匀速运动和减速制动三个阶段，如果匀速运动的速度越高，则可能需要花费更多的时间加速或减速。由此，需要根据实际的任务需求、任务周期等平衡调试，以获得最佳额定速度。

1.3.5 承载能力

所谓承载能力，就是机器人在工作中以任何位姿所能承受的最大负载质量。承载能力的大小会受到机器人运行速度、加速度、运动方向、末端执行器的质量等因素的影响，通常，机器人处于低速运行状态比处于高速运行状态中的承载能力更强。在配置机器人时，基于安全因素考虑，通常以高速运行时的承载能力作为机器人的承载力上限。

第 2 章

工业机器人机械系统

2.1 工业机器人的机械结构

从机械结构来看，工业机器人主要由机身部件、手臂部件、手腕部件和手部部件组成。下面依次对这四个部分的结构进行分析。

2.1.1 机身部件

工业机器人的机身也称腰部，指的是能够连接、支承和传动手臂及行走部件的部分，其通常与机座一体，以便于工业机器人的整体安装。具体来看，机身包括手臂及行走部件的支承件、导向装置、运动机构等。在工业领域的不同应用场景中，工业机器人拥有的负载能力、适用的条件及运动的形式等千差万别，其采用的导向装置、传动机构、驱动装置等也各不相同，因此不同工业机器人的机身结构往往具有比较大的差异。

工业机器人手臂的运动一般包括上下的升降、前后的平移、回转以及俯仰等，由于机身需要安装支承这些运动的驱动和传动装置，因此当工业机器人需要完成的手臂运动越多，那么其机身结构也就越复杂。此外，根据应用场景的不同，工业机器人机身的自由度需求也有所不同，如果在机身下部装配辅助活动的部件，那么机身也能够在轨道或地面上运行。总的来说，常见的工业机器人的机身结构主要包括以下四种。

（1）回转与升降型机身结构

该类型工业机器人的机身应该包括实现手臂回转的结构和实现手臂升降的结构。其中，手臂回转的驱动和传动装置主要包括蜗轮蜗杆机械传动回转轴、直线液（气）压缸驱动的传动链等，手臂升降的驱动和传动装置主要是直线缸驱动的连杆升降台等。

① 回转与升降型机身结构的特点。相对实现手臂升降的驱动和传动装置而言，实现手臂回转的驱动和传动装置更为复杂。具体来说，工业机器人的手臂回转一般由摆动油缸驱动：

• 如果回转油缸在上方，升降油缸在下方，由于升降活塞杆也需要位于摆动油缸的下方，那么升降活塞缸应该相应加大尺寸，以保证手臂升降和回转的质量；

• 如果升降油缸在上方，回转油缸在下方，那么回转油缸的驱动力矩也应该相应加大，以保证手臂回转运动的实现。

同时，工业机器人的手臂回转还需要由链条链轮传动，其具体原理是通过链条的直线运动带动链轮的回转运动，这种传动方式能够保证手臂实现大于360°的回转。不过，在工业机器人的具体设计过程中，驱动链条链轮传动的装置也有所不同，比如单杆活塞气缸驱动链条链轮传动机构[图2-1（a）]和双杆活塞气缸驱动链条链轮传动机构[图2-1（b）]。

② 回转与升降型机身结构工作原理。回转与升降型机身结构如图2-2所示，该结构具有以下几个特点：

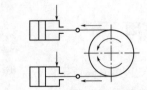

(a) 单杆活塞气缸驱动链条链轮传动机构

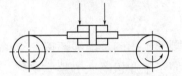

(b) 双杆活塞气缸驱动链条链轮传动机构

图2-1　链条链轮传动机构

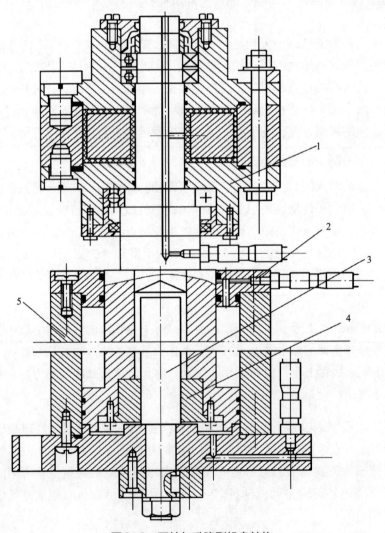

图2-2　回转与升降型机身结构

1—回转缸；2—活塞；3—花键轴；4—花键轴套；5—升降缸

• 实现手臂回转运动的机构位于升降缸的上方，其中回转缸的上端与机器人的手臂部件相连，回转缸的缸体与其动片相连，当回转缸运动时也将带动手臂做出回转动作；

• 升降缸的活塞杆与回转缸的转轴为一体，该活塞杆内部为花键轴与花键轴套，其中花键轴不仅能够控制活塞的升降，而且其与升降缸相连，而升降缸又固定于底座之上，因此花键轴和活塞杆也被相应固定，保证了结构的紧凑以及功能实现的有条不紊。

（2）回转与俯仰型机身结构

该类型的工业机器人机身应该包括实现手臂回转的结构和实现手臂俯仰的结构。由于俯仰的方向也是呈上下的，因此，该类型工业机器人手臂的俯仰动作可以代替升降动作。关于手臂回转的驱动和传动装置上文已经有所介绍，此处着重介绍与手臂俯仰动作相关的机身结构。

一般情况下，手臂俯仰动作采用摆式直线缸驱动，通过活塞缸与连杆机构合力实现。如图2-3所示，驱动手臂俯仰动作的活塞缸位于手臂的下方，其中，活塞缸的缸体部分与立柱通过中部销轴、尾部耳环等方式进行连接，活塞缸的活塞杆部分则与手臂通过铰链进行连接。不过，活塞杆并非活塞缸的必备装置，某些情况下，活塞缸也能够通过四连杆机构、齿轮齿条等实现手臂的俯仰操作。

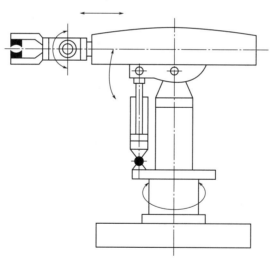

图2-3　俯仰型机身结构

（3）直移型机身结构

与以上提到的回转与升降型机身结构及回转与俯仰型机身结构不同，直移型机身结构通常为悬挂式。也就是说，此类工业机器人的机身是用于悬挂手臂的横梁。为了实现手臂的直移，机身除需具备驱动和传动装置外，还需要安装其沿横梁平移的导轨，具体如图2-4所示。

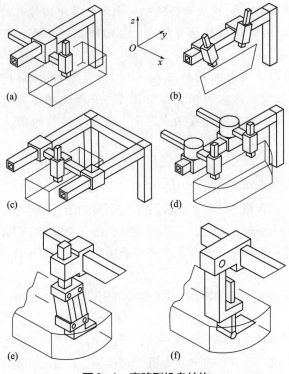

图2-4 直移型机身结构

（4）类人机器人型机身结构

由于工业领域的应用场景众多，为了发挥工业机器人的价值，除需具备具有较高自由度的机械手臂外，有时也需要具备能够活动的腿部装置，这类外观及功能与人相似的机器人就是类人机器人。因此，其机身结构（图2-5）不仅需要具备手臂活动的驱动和

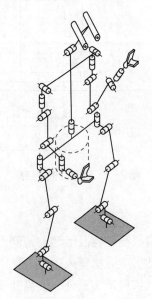

图2-5 类人机器人型机身结构

传动装置，还需要具备腰部关节及腿部活动的驱动和传动装置。其中，腰部关节能够支承机器人进行人身轴线方向的回转运动和前后左右的俯仰运动，腿部的屈伸运动则能够实现机器人整体的升降。

2.1.2 手臂部件

工业机器人的手臂是其主要的执行部件，一侧与机身相连，能够基于指令被驱动和传动，保证动作精准完成；一侧与腕部相连，能够支承腕部和手部，并在发出动作后带动腕部和手部的运动。

（1）工业机器人手臂的组成

① 手臂的运动。由于工业机器人的手臂与腕部和手部相连，为了保证手部能够完成预设目标，手臂至少应该具备以下三种运动能力，如表2-1所示。

表2-1 工业机器人的手臂运动

手臂运动	具体内容
垂直移动	即上下方向的移动。为了实现手臂的垂直移动，如果是类人机器人，可以通过腿部的伸缩实现手臂的上下移动；如果是固定安装的机器人，可以通过调整机器人机身的上下安装位置实现手臂垂直方向的移动。一般情况下，采用液压缸机构等能够实现手臂的上下运动
径向移动	即前后方向的伸缩。对于圆柱坐标式机器人而言，其机械手进行前后伸缩时可操作的范围（也就是圆柱的直径）取决于手臂的最大工作长度
回转运动	即绕铅垂轴的转动。与单纯的上下、前后方向的运动不同，回转运动是倾斜式的，机器人手臂的回转运动能力也就决定了其最大角度的操作范围

② 手臂的结构。为了具备以上运动能力，工业机器人的手臂结构应该主要两部分组成：手臂的臂杆及手臂运动相关的位置监测元件、支承连接、导向定位装置、驱动装置、传动装置等；与腕部支承和运动相关的配管、配线、构件等。

由于不同的工业机器人其手臂所具有的运动能力、配备的导向装置、采用的驱动和传动方式等有所不同，因此工业机器人的手臂的结构可以是屈伸型、伸缩型、转动伸缩型或其他专用类型。比如，伸缩型手臂结构一般采用直线电动机、液（气）压缸等进行驱动，其可以实现手臂的前后伸缩。

（2）工业机器人手臂的配置

对于不同的工业机器人而言，其适用的工作场地、对应的工作对象、设定的运动要求等各不相同，因此配置形式也具有一定的差异。常见的工业机器人手臂的配置一般包括以下几种。

① 横梁式配置。这类工业机器人的配置特点为：机身呈横梁式，手臂悬挂于机身之上；根据手臂数目的不同，分为单臂悬挂式和双臂悬挂式，如图2-6所示，横梁式配置的机器人手臂的移动范围有限，具有的功能比较单一。但其优点也比较明显，使用较为简单，且占地面积小。

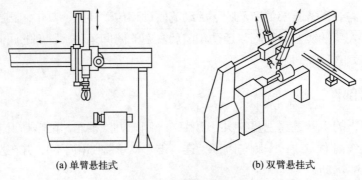

(a) 单臂悬挂式　　　　　　　(b) 双臂悬挂式

图2-6　横梁式配置

需要说明的是，当企业使用横梁式配置的工业机器人时，可以根据具体的应用场景将横梁架设于地面之上，也可以将横梁安装于厂房的柱梁或合适的机器设备之上。而且，横梁并非必须固定，也可以根据需要具有一定的活动自由度。

② 立柱式配置。立柱式配置也是工业机器人经常采用的一种配置方式。与横梁式配置类似，立柱式配置也可以根据手臂数目的不同，分为单臂配置和双臂配置，如图2-7所示。立柱式配置适用于手臂进行俯仰或回转运动的机器人，因此其虽然占地面积较小，却能够在较大的范围内进行操作。

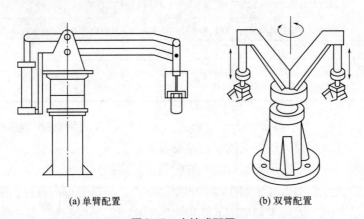

(a) 单臂配置　　　　　　　(b) 双臂配置

图2-7　立柱式配置

当企业使用立柱式配置的工业机器人时，可以根据应用场景将立柱固定于机床之上，也可以将立柱固定于空地上。由于立柱式配置的工业机器人结构简单但操作范围大，因此适用于主机的辅助工作，比如转运主机生产的货物、为主机上料等。

③ 机座式配置。与横梁式配置和立柱式配置相比，机座式配置适用于机器人手臂的各种运动形式，如图2-8所示。机座式配置的工业机器人在使用时，可以以独立装置的形式被搬动到不同的场景中，也可以放置于专用轨道之上，以扩大活动范围。

（3）工业机器人手臂的结构

作为工业机器人的主要执行部件，机器人手臂的驱动方式最为通用的为电动驱动，有时也可以采用气动驱动或液压驱动。此外，工业机器人的手臂与人类的手臂一样，也

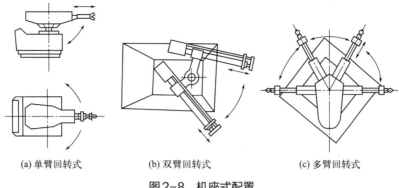

(a) 单臂回转式　　　　　(b) 双臂回转式　　　　　(c) 多臂回转式

图2-8　机座式配置

是多关节的，可以分为大臂、小臂，还有多臂工业机器人。其手臂结构主要包括以下几种。

① 手臂伸缩结构。当工业机器人的手臂为伸缩结构时，需要注意的是伸缩运动可能会导致手臂发生变形或者因绕轴线转动而被损坏。因此，可以采取一些措施以增强机器人手臂的刚性，比如增加花键或方形的臂杆、配置导向装置等。根据机器人手臂在应用场景中需要抓握的重量以及手臂结构等的不同，可以选择配置单导向杆、双导向杆等。比如，在工厂的箱体加工线上，机器人经常需要抓握的是形状不规则的工件，因此为了避免较大的偏重力矩，就可以为手臂配置四根导向柱，如图2-9所示，当手臂需要做出垂直伸缩动作时，油缸会驱动手臂的运动，使其能够在较大的操作范围内保持手臂动作的稳定。

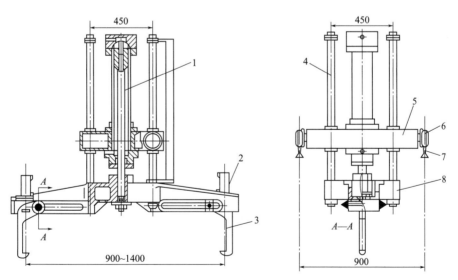

图2-9　四导向柱式手臂伸缩机构

1—油缸；2—夹紧缸；3—手部；4—导向柱；5—运行架；6—行走车轮；7—轨道；8—支座

采用手臂伸缩结构的工业机器人，其在应用场景中的行程大小也在一定程度上决定需要采取的驱动方式。比如，当对应的行程较大时，既可以使用丝杠螺母或滚珠丝杠传动装置，也可以使用步进电机及伺服电动机驱动装置；当对应的行程较小时，一般直接使用油（气）缸驱动装置即可。

② 手臂俯仰结构。如图 2-10 所示，要完成手臂的俯仰运动，不仅需要在手臂结构中配备油（气）缸驱动装置，还需要结合铰链连杆机构进行传动。

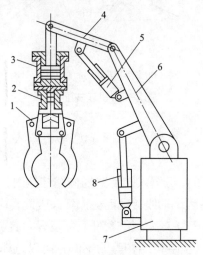

图2-10　摆动气缸驱动连杆俯仰臂部机构

1—手部；2—夹紧缸；3—升降缸；4—小臂；5, 7—摆动气缸；6—大臂；8—立柱

③ 手臂回转与升降结构。如果机器人的手臂需要完成升降运动，那么可以在手臂结构的适宜位置配置升降缸进行驱动；如果机器人的手臂还需要完成回转运动，则可以在其手臂结构的适宜位置配置回转缸驱动装置。不过，这种回转缸直接驱动的方式仅适用于手臂回转角度不高于360°且同时升降行程较短的情形。

2.1.3　手腕部件

作为连接工业机器人手臂和手部的部件，手腕的主要功能是支承手部。手腕所具有的自由度在一定程度上决定了手部能够达到的形态。不同工业机器人的手腕结构也具有差异，可以从自由度数目和驱动方式两个维度对机器人的手腕结构进行分类。

（1）按自由度数目来分类

从自由度数目来看，工业机器人的腕部结构可以分为以下几种。

① 单自由度手腕。单自由度手腕即只有1个自由度关节的手腕，如图2-11所示。

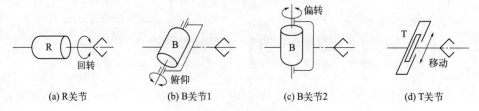

(a) R关节　　　(b) B关节1　　　(c) B关节2　　　(d) T关节

图2-11　单自由度手腕

• 图2-11（a）R关节：是翻转（roll）关节，这种关节能够保证手臂与手腕共同构成共轴线，从而使得关节能够旋转超过360°。

• 图2-11（b）B关节1与图2-11（c）B关节2：是折曲（bend）关节，这种关节能够保证前后连接件的轴线与关节轴线相垂直，因此使得关节能够旋转但旋转的角度无法达到360°。

• 图2-11（d）T关节：是移动（translation）关节，这种关节仅能够平移，无法旋转。

② 二自由度手腕。二自由度手腕即拥有2个自由度关节的手腕，如图2-12所示。

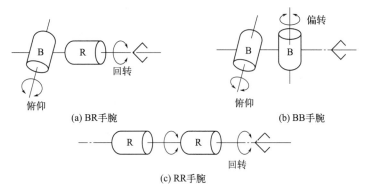

图2-12　二自由度手腕

• 图2-12（a）BR手腕：是B关节和R关节组成的手腕。
• 图2-12（b）BB手腕：是两个B关节组成的手腕。
• 图2-12（c）RR手腕：需要注意的是，与BB手腕不同，两个R关节并不能组成二自由度手腕，这是因为两个共轴线的R关节实质上只能拥有1个自由度。

③ 三自由度手腕。三自由度手腕即拥有3个自由度关节的手腕，如图2-13所示。

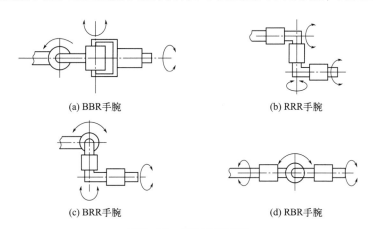

图2-13　三自由度手腕

• 图2-13（a）BBR手腕：是两个B关节和一个R关节组成的手腕，这种腕部结构在工业机器人中较为常见，其能够支持手部实现俯仰、偏转和翻转运动（RPY运动）。

- 图2-13（b）RRR手腕：是三个R关节组成的手腕，其能够支持手部实现俯仰、偏转和翻转运动（RPY运动）。
- 图2-13（c）BRR手腕：是一个B关节和两个R关节组成的手腕，由于两个R关节并不能组成二自由度手腕，因此两个R关节的设置需要如图2-13（c）所示，从而保证自由度，使其能够支持手部实现俯仰、偏转和翻转运动（RPY运动）。
- 图2-13（d）RBR手腕：是一个B关节和两个R关节组成的手腕，由于两个R关节并不能组成二自由度手腕，因此其仅能够支持手部实现俯仰和偏转运动（PY运动）。

从图2-13中可以看出，即使同为B关节和R关节，但排列次序不同，产生的腕部结构也会有所不同。在工业机器人的实际设计中，经常采用将两个B关节安装在一个十字接头上的BBR结构，因为其相对而言腕部纵向尺寸更小、结构更为紧凑。

（2）按驱动方式分类

从驱动方式来看，工业机器人的腕部结构可以分为以下几种。

① 直接驱动手腕。直接驱动手腕指的是直接将驱动装置安装于机器人的腕部。由于腕部的尺寸一般较小，因此采用直接驱动形式时，不仅需要保证所采用的液压驱动马达或驱动电动机驱动性能好、驱动力矩大，而且重量应该尽可能轻便，同时尺寸较为小巧。

② 远距离传动手腕。远距离传动手腕指的是将腕部的传动装置安装于机器人手腕以外的位置，比如手臂的后端。与直接驱动模式相比，远距离传动模式对于驱动源的重量和尺寸没有严格的要求，因此并不直接在腕部安装驱动装置，因此机器人整体的平衡性也能够得到改善。

2.1.4　手部部件

工业机器人的手部也称末端执行器（end of arm tooling，EOAT），是能够直接用于执行作业的部件。因此，工业机器人的手部结构直接决定了作业完成的水平，是工业机器人最为关键的部件之一。

由于在不同的应用场景中，工业机器人需要完成的作业各不相同，因此其手部的形态各异，比如，当机器人用于工业喷漆，那么其手部即为油漆喷枪；如果机器人用于工件拿取，那么其手部可以像人手那样具有手指，以便更为灵活地抓握。具体来说，工业机器人末端执行器具有以下几个方面的特征，如图2-14所示。

工业领域的细分场景众多，工业机器人能够适用的作业形式也极为广泛。为了保证作业效率和质量，机器人的末端执行器难以进行标准化，而需要根据具体的作业形式进行定制，常用的有以下几种类型，如图2-15所示。

（1）夹钳式末端执行器

夹钳式末端执行器（也称为夹钳式取料手）是工业领域应用较为广泛的一种工业机器人手部结构，如图2-16所示。在装配流水线等应用场景中，配置夹钳式末端执行器的工业机器人能够通过手部夹钳的开合对工件进行拿取。夹钳式末端执行器的工作原理与手钳类似，因此需要配备连接与支承元件、驱动装置及传动装置。

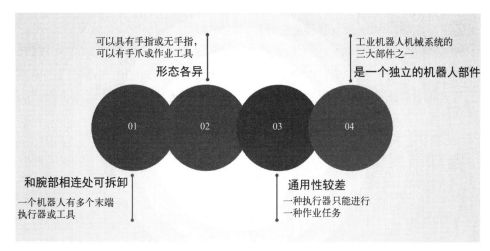

图2-14 末端执行器的主要特征

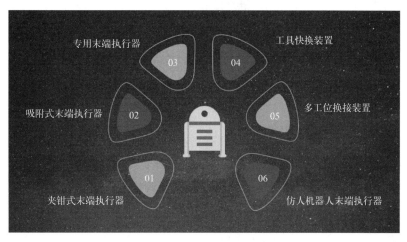

图2-15 末端执行器的主要类型

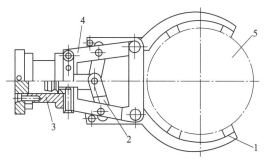

图2-16 夹钳式取料手

1—手指；2—传动机构；3—驱动装置；4—支架；5—工件

（2）吸附式末端执行器

吸附式末端执行器顾名思义即以吸附的方式获取对象，其在工业领域的应用也较为常见，主要适用于较大光滑平面上对于微小物体（尤其是玻璃等特殊物体）的吸附。吸附式末端执行器吸附的原理主要包括气吸附和磁吸附。

① 气吸附式。真空气吸附式末端执行器基本结构如图2-17所示，其工作原理如下：机器人的末端执行器为特制塑料或橡胶质地的碗状容器，当末端执行器与操作平面接触后，二者之间的挤压便能够抽走容器内的空气，从而产生一定的负压真空吸力，达到吸附物体的目的。

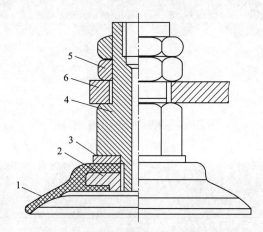

图2-17　真空气吸附式末端执行器

1—橡胶吸盘；2—固定环；3—垫片；4—支承杆；5—螺母；6—基板

② 磁吸附式。磁吸附式末端执行器的工作原理如下：机器人的末端执行器内安装了特制磁铁或电磁铁的装置，当末端执行器与操作平面靠近后，其具有的磁力便能够吸附物体。与气吸附式末端执行器相比，磁吸附式末端执行器更不容易对物体造成破坏。

（3）专用末端执行器

机器人在工业领域的应用能够极大提升作业的自动化、智能化水平。对于工业机器人而言，配置不同的专用末端执行器就能够适用于不同的作业场景，比如，如果在末端安装拧螺母机，机器人就能够应用于装配流水线中；如果在末端安装焊枪，机器人就能够应用于焊接作业中。在具体的应用过程中，用户可以根据需要同时采购几款专用末端执行器（如激光切割机、抛光头、电磨头等），以提升机器人的通用性。

（4）工具快换装置

虽然工业机器人适用的场景通常具有一定的标准化和规范性，但这并不意味着机器人不需要"随机应变"。在具体的作业过程中，机器人也可能会遭遇工具损坏等问题，为了不影响作业流程的正常运转，就需要其在尽量短的时间内完成工具的更换，从而避免意外发生。工具快换装置就是一种可供机器人快速更换末端执行器的装置。与人工更换工具需要几个小时的速度相比，工具快换装置支持机器人在数秒内完成工具的更换，使得机器人在工业自动化领域具有更强的通用性。

（5）多工位换接装置

为了满足工业领域的不同需求，有时工业机器人具有转换末端执行器的需求，但并不需要专门配备一个末端操作器库。在这样的应用场景中，就可以使用多工位换接装置。由于多工位换接装置安装于机器人的腕部，因此其可以采取以下两种形式。

① 棱锥形。棱锥形换接器的传动机构具有一定的复杂性，但其能够保证腕部和手部的轴线一致，当机器人作业时，受力较为合理。

② 棱柱形。棱柱形换接器的传动机构并不复杂，但其腕部和手部的轴线无法保持一致，当机器人作业时，受力表现优于棱锥形换接器。

（6）仿人机器人末端执行器

虽然工业机器人的末端执行器形态各异，但常见的机器人末端执行器一般难以达到人手一样的形态，手指数目较少，而且缺乏关节，因此当其作业对象是形状较为复杂的物体时，操作难度也会提高。仿生机器人的末端执行器就是针对这样的应用场景而研发的，不仅其形态更接近人手，而且在功能方面也能够像人手一样执行较为复杂的操作。目前，已经面世的仿人机器人末端执行器主要有以下两种。

① 多关节柔性手。多关节柔性手的基本结构如图2-18所示，可以看出此类末端执行器不仅包括多个手指，而且每个手指均由多个关节组成，其工作原理如下：牵引钢丝绳与摩擦滚轮共同组成手指的传动装置，保证手部作业时能够在一侧呈紧握状态，同时另一侧呈放松状态，从而保证被抓取的物体受力均匀，即使是形状不规则的物体也能够被顺利抓取。

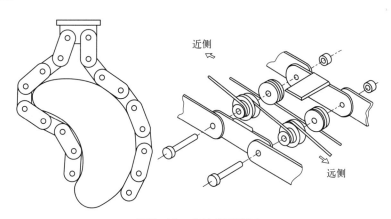

图2-18 多关节柔性手

② 仿生多指灵巧手。仿生多指灵巧手的基本结构如图2-19所示。与多关节柔性手相比，此类末端执行器的形态和功能更接近人手。首先，仿生多指灵巧手的末端执行器与类似人手腕的腕部相连；其次，仿生多指灵巧手有多个手指，手指均有3个关节，而且各个关节都能够被独立控制。因此，仿生多指灵巧手也能够高质量完成如弹钢琴、拧螺栓等人类手部精细动作。

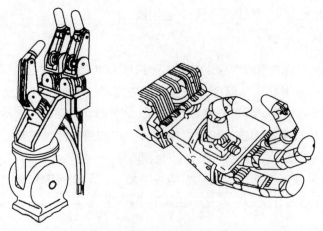

图2-19 仿生多指灵巧手

2.2 工业机器人的驱动机构

在工业机器人中，机械结构系统和驱动系统是机械部分的主要组成部分，其中机械结构系统是支承机器人运动和执行工作任务的基础，驱动系统是机械结构系统的动力来源，主要由伺服驱动器和传动机构组成。

工业机器人的伺服驱动器主要包括液压驱动器、气动驱动器和电动驱动器三种类型，且这三种驱动器各有优缺点，适用范围也各不相同。具体来说，工业机器人伺服驱动器的分类、优缺点及适用范围如表2-2所示。

表2-2 工业机器人伺服驱动器的分类、优缺点及适用范围

分类	优点	缺点	适用范围
液压驱动器	功率大，可省去减速装置，直接被驱动；结构紧凑，刚性好，响应快，伺服驱动具有较高的精度	需要增设液压源，易产生液体泄漏，不适合高、低温场合	目前多用于特大功率的工业机器人系统
气动驱动器	结构简单，清洁，动作灵敏，具有缓冲作用	功率较小，刚性差，噪声大，速度不易控制	多用于精度要求不高的点位控制工业机器人
电动驱动器	能源获取容易，速度变化范围大，效率高，速度和位置精度都很高	多与减速装置相连，直接驱动比较困难	采用闭环控制，用于高精度、高速度的机器人驱动
			用于精度和速度要求不高的场合，采用开环控制

2.2.1 液压驱动系统

（1）液压驱动系统的组成

液压驱动系统中装配了液压泵、伺服阀、驱动器、传感器、控制器等多种元器件，能够为工业机器人中的其他设备提供驱动力。从工作原理上来看，液压伺服系统可以利

用液压泵生成压力，利用伺服阀实现对液体压力和流量的有效控制，并为驱动器提供动力，借助传感器来获取电气信号，利用伺服阀来处理电气信号并驱动液压执行器稳定运行，进而逐步消除位置指令信号和位置传感器信号之间的偏差，当二者之间偏差为零时，负荷将不再运动。具体来说，液压驱动系统的工作原理如图2-20所示。

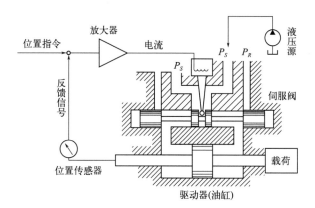

图2-20 液压驱动系统的工作原理

（2）液压驱动系统的工作特点

从工作特点上来看，液压驱动系统主要呈现出以下两个特点：

① 液压驱动系统中的反馈信号和输入信号相反，二者之间的偏差信号可用于能量控制工作中，有助于实现对流入液压元器件的液压能源有效控制，进而为消除二者之间的偏差提供支持。

② 液压驱动系统具有功率放大作用，能够从伺服系统偏差出发，自动控制液压能源的能量供给，并利用来自液压能源的能量对功率小的输入信号进行处理，进而达到大幅提高输出功率的效果。

（3）液压驱动系统的类型

液压驱动系统大致可分为电液伺服系统、电液比例控制阀和摆动缸等几种类型。

① 电液伺服系统。电液伺服系统可以利用电气信号输入系统实现对各项液压控制元件的有效操控，充分确保各项液压控制元件的动作与输入信号之间的一致性，电液伺服系统的转换元器件均为电液伺服阀。

② 电液比例控制阀。电液比例控制阀能够从比例出发，根据输入的电气信号的连续性来远程控制油液的压力、流量和流向。

与普通液压阀相比，电液比例控制阀中装配了比例电磁铁，能够自动调节液压，且具有更高的液压系统参数控制能力；与电液伺服阀相比，电液比例控制阀具有成本低、结构简单、可连续控制、可程序控制等优势，但同时也存在控制精度低、动态特性差等性能问题，因此常在一些对液压参数的控制精度和动态特性要求较低的液压系统中发挥控制作用。

③ 摆动缸。摆动缸也被称为摆动式液压缸或摆动马达。具体来说，摆动缸中的主

轴可以在注入压力油时输出功率较小的液压，并在此基础上驱动液压泵将工作油的压力转化成机械能，在液压泵运转的过程中，高压液流也将生成强大的动力，液压油将通过液压管路传输到液压泵中驱动液压泵运转，进而输出驱动力。

液压驱动系统具有无级调速、灵敏度高、操作力大、控制精度高、功率体积比大、连续轨迹控制等诸多优势，能够充分满足工业机器人的液压驱动要求，常被应用在大负载和低速驱动的应用场景中。但由于液压驱动系统在密封性、环境温度、制作精度、反应速度等方面的要求十分严格，满足其要求的伺服阀的制作和应用成本较高，且存在漏液、维护困难等问题，因此液压驱动机器人并未实现大规模应用。

2.2.2 气动驱动系统

气动驱动系统是一种能够利用压缩空气来传输能量和信号的工业机器人驱动工具。具体来说，气动驱动系统中主要包含气源装置、气动控制元件、气动执行元件和辅助元件等设备，能够利用空压机将来自原动机的机械能转化为以空气为主要存在形式的压力能，并借助控制元件和执行元件再将压力能转化成作用于回转运动和直线运动的机械能，为工业机器人完成各项动作并执行工作任务提供强有力的支持。

（1）气源装置

气源装置主要由空气压缩机构成，能够通过压缩空气的方式将源于原动机的机械能转化为压力能，并为气动驱动系统提供经过压缩的空气，以便气动驱动系统从压缩空气中获得压力能。

气源装置是气动传动系统的重要组成部分，能够为气动系统提供符合要求的压缩空气。从工作原理上来看，气源装置要先利用空气压缩机来生成压缩空气，再对压缩空气进行降温、净化、减压和稳压等处理，最后向控制元件和执行元件提供经过处理的压缩空气。除此之外，工业领域在使用气源装置时还应注意噪声问题，积极采取相应的措施减少使用压缩空气时所产生的噪声，保护环境。

① 压缩空气站的设备组成。压缩空气站中有空气压缩机和辅助设备等多种设备，其中空气压缩机主要用于生产压缩空气，辅助设备主要用于气源液化工作中。压缩空气站设备组成及布置示意图如图2-21所示。

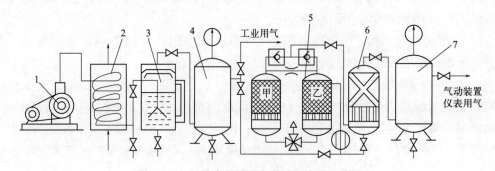

图2-21 压缩空气站设备组成及布置示意图

1—空压机；2—后冷却器；3—油水分离器；4，7—储气罐；5—干燥器；6—过滤器

② 空气过滤减压器。即调压阀，具有净化气源和自动稳压的作用，主要由减压阀、空气过滤器和油雾器三部分组成。

减压阀是空气过滤减压器的重要组成部分，主要用于减压和稳压。从工作原理上来看，减压阀可以降低进口压力，使其符合出口压力要求，并提高出口压力的稳定性。根据压力调节方式，减压阀可分为直动式减压阀和先导式减压阀两种类型，其中直动式减压阀的应用较为普遍，先导式减压阀大多用于大通径的应用场景中。

空气过滤减压器结构图如图2-22所示。

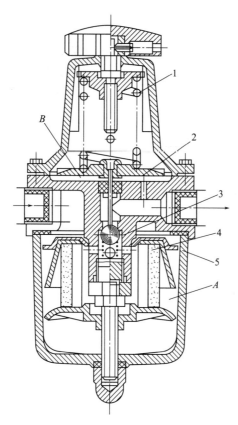

图2-22　空气过滤减压器结构图

1—给定弹簧；2—膜片；3—球体阀瓣；4—过滤件；5—旋风盘；A、B—气室

（2）气动控制元件

气动控制元件主要由压力控制阀、流量控制阀、方向控制阀等设备组成，具有控制压缩空气压力、流量和流向的作用，能够为执行机构顺利完成既定的工作任务提供支持。

① 压力控制阀。即压力阀，具有调压和定压功能，主要用于控制油液压力。从工作原理上来看，压力控制阀主要借助控制油的液压力和弹簧的弹簧力之间的平衡来完成工作，其工作状态会随着控制压力的改变而不断变化。

一般来说，不同的工作项目通常具有不同的压力控制要求。部分工作的压力控制要求主要针对液压的最高值，需要加强对安全阀的控制；部分工作的压力控制要求主要针对压力差、压力比等压力值，需要加强对溢流阀、减压阀等定压阀的控制，提高各项相关数值的稳定性；部分工作的压力控制要求主要针对基于液压力的控制信号，需要加强对顺序阀和压力继电器等设备的控制。

② 流量控制阀。流量控制阀是一种用于控制气缸速度的元件，主要由速度控制阀、节流阀、排气节流阀和快速排气阀等元件构成，其中速度控制阀主要用于控制流速，通常安装在换向阀和气缸中间，节流阀主要用于控制气动回路流量，排气节流阀主要用于控制气缸速度，通常安装在换向阀的排气口处，快速排气阀主要用于提高气缸中压缩空气的排出速度。

③ 方向控制阀。方向控制阀能够控制压缩空气的流向和通断，并在此基础上实现对执行元件的有效控制。具体来说，方向控制阀可按照功能、控制方式、结构方式、阀内压缩空气流向、阀内压缩空气密闭形式等各项要素大致划分为以下几种类型，如表2-3所示。

表2-3　方向控制阀的主要类型

主要类型	具体内容
气压控制换向阀	主要借助压缩空气产生的气压来调整气流方向和气流通断，具有用途多、应用场景多等优势，能够在易燃、易爆、高净化以及全气阀控制气压传动系统中发挥重要作用
电磁控制换向阀	主要借助电磁力来控制电磁铁通断，并利用电磁铁来开关阀门，进而实现对液体和气体流向的有效控制
机械控制换向阀	主要借助凸轮、挡块等机械外力来调整阀门方向，具有行程程序控制功能
人力控制换向阀	在手动操纵情况下，可采用锁式、按钮式、旋钮式、推拉式等多种方式来调控阀门方向，除此之外，还可以利用脚踏的方式来控制阀门

（3）气动执行元件

气动执行元件具有能量转换功能，能够将压缩空气产生的气压转化成机械能。一般来说，气动执行元件主要由气缸和气马达两部分组成。

① 气缸。气缸是气动驱动系统的重要组成部分，能够在工业机器人直线往复运动和摆动的过程中发挥重要作用。就目前来看，大多数气缸的种类和结构形式都与液压气缸相似，其中标准气缸可分为缓冲气缸和无缓冲气缸等多种类型，从结构和参数上看，大多具有标准化、通用化和系列化等特点。除此之外，特殊气缸也可分为多种类型，如气液阻尼缸、薄膜式气缸、冲击式气缸等。

• 气液阻尼缸：气液阻尼缸的液压缸为双活塞杆缸，能够有效平衡两腔的排油量，油箱中的油液仅用于补充泄漏的油量，因此只用油杯就能够完成油量补充工作。与普通气缸相比，气液阻尼缸不受外部载荷变化的影响，具有运动平稳性高的优势。

• 薄膜式气缸：薄膜式气缸能够借助压缩空气产生的压力来为膜片推动活塞杆进行往复直线运动提供助力。与其他类型的气缸相比，薄膜式气缸具有成本低、效率高、泄漏少、维修方便、结构简单、结构紧凑、使用寿命长等诸多优势，但同时也存在行程短和输出力受行程影响大等不足之处。薄膜式气缸通常包含缸体、膜片、膜盘、活塞杆等诸多零部件，具体来说，薄膜式气缸结构简图如图2-23所示。

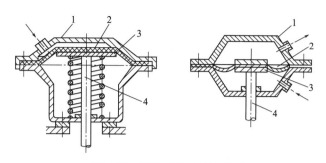

图2-23 薄膜式气缸结构简图

1—缸体；2—膜片；3—膜盘；4—活塞杆

• 冲击式气缸：冲击式气缸主要应用于对冲击力要求较高的场合，通常具有尺寸小、结构简单、冲击力强、制造难度低、耗气功率低等特点。从结构上来看，冲击式气缸在普通气缸的基础上加装了一个喷嘴和一个蓄能腔。冲击式气缸工作原理图如图2-24所示。

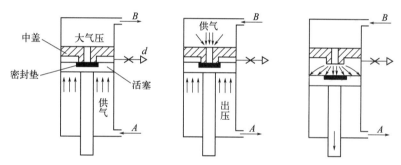

图2-24 冲击式气缸工作原理图

② 气马达。气马达是气动驱动系统中不可或缺的启动执行元件，能够借助输出转矩来驱动机构实现旋转运动，并利用压缩空气为工业机器人运动和执行工作任务提供动力。气马达基本结构如图2-25所示。

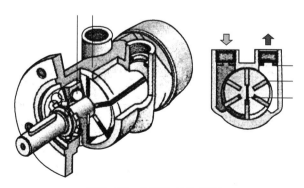

图2-25 气马达结构简图

从结构上来看，气马达大致可分为活塞式气马达和叶片式气马达两种类型，其中，活塞式气动马达具有低速性能好、低速输出功率大等优势，能够在绞车、绞盘、起重机和拉管机等大载荷、低速转矩的机械设备中发挥重要作用；叶片式气马达具有结构紧凑、制造难度低等优势，同时也存在低速性能差、低速运动转矩小等不足之处，常被装配在一些低功率机械和中功率机械中，用于驱动机械设备运动。

2.2.3 电动驱动系统

电动驱动系统可以通过电动机将电能转化为动能来驱动机器人各部分运动并执行工作任务。具体来说，电动驱动系统能够为机器人提供精准的定位、快速的反应、高精度的控制以及精准高效的连续轨迹控制，因此常被装配在控制精度、定位精度和速度等方面有较高要求的中小负载机器人当中，为机器人的稳定运行提供支承。

从构成上来看，电动驱动系统主要包含减速器、驱动电机、位置比较器、速度比较器、信号放大器、功率放大器以及位置和速度检测设备等元件。具体来说，工业机器人电动机驱动原理如图2-26所示。

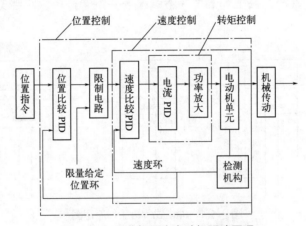

图2-26 工业机器人电动机驱动原理

电动驱动系统具有转矩大、启动转矩大、短时过载能力强等优势，且装配了具有高可靠性和高稳定性的低惯量的交流、直流伺服电动机，因此能够充分满足负载低于1000N的工业机器人的电伺服驱动需求，常被应用于各类工业机器人中以提供驱动力。

一般来说，广泛应用于工业机器人领域的驱动电机主要有三种，分别是永磁式直流电动机、交流伺服电动机和步进电动机。

（1）永磁式直流电动机

永磁式直流电动机可以利用体积比励磁绕组小的永磁体来建立磁场，并在此基础上为机器人提供动力，因此具有体积小、结构简单等特点，常被应用于各类低功率机械设备中。永磁式直流电动机基本结构如图2-27所示。

根据电刷的有无，永磁式直流电动机可分为永磁无刷直流电动机和永磁有刷直流电动机两种类型。

图2-27　永磁式直流电动机

① 永磁无刷直流电动机是一种利用永磁体来建立磁场的小功率直流电动机，能够以调整电枢电压的方式来调速。与他励直流电机（separately excited DC machine）相比，永磁无刷直流电动机在尺寸、效率、结构和用铜量等方面占据一定优势，且具有一体化的特点，被广泛应用在多种电子设备和机械设备中。

② 永磁有刷直流电动机中装配了主磁极、电刷、电枢绕组和换向器等设备，能够将直流电源中的电转化成电枢电流，并建立基于电枢电流的磁场，在磁场与主磁场的相互作用下生成电磁转矩，进而驱动电机旋转。电刷和换向器在永磁有刷直流电动机中的应用提高了电动机结构的复杂性，同时也带来了维护难度高、使用寿命短、故障发生率高、可靠性差等问题，且电流换向所产生的火花也对磁场造成了影响。

（2）交流伺服电动机

交流伺服电动机能够通过将电脉冲信号转化为角位移或线位移的方式来实现闭环控制，并通过对电压频率的调整来实现对电机转速的有效控制。交流伺服电动机如图2-28所示。

图2-28　交流伺服电动机

交流伺服电动机在工业机器人中的应用有助于工业机器人精准控制力矩和速度，实现精准定位，强化反应速度、工作效率、运动速度等多个方面的性能，让工业机器人无论在高速运行还是低速运行时都具有较高的稳定性。不仅如此，交流伺服电动机还具有强大的抗过载能力，负载极限可达额定转矩的3倍，能够充分满足存在瞬间负载波动的应用场景以及对启动速度要求较高的应用场景的应用需求，大幅提高机器人的动态性和精度。

（3）步进电动机

步进电动机主要包括定子和转子两部分，具体来说，定子中包含六个两两一组且具有励磁绕组的磁极，每组磁极为一相，共有 A、B、C 三相；转子主要由齿状铁芯构成，没有励磁绕组。步进电动机的结构简图如图 2-29 所示。

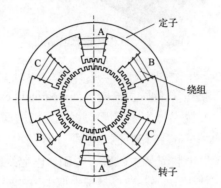

图 2-29　步进电动机的结构简图

从工作原理上来看，当定子中的励磁绕组按顺序通入电流时，A、B、C 三相磁极将会产生磁场和电磁引力，电磁引力可以吸引转子中的某一对齿并促使转子转动，当转子中的某一对齿的中心线对准定子中磁极的中心线时，磁阻将会降至最低，转矩也将降为零。由此可见，当控制线路按顺序不停为定子的励磁绕组中的各相通入电流时，转子将会按照励磁绕组的通电顺序向某一方向不停转动。

步进电动机是一种开环控制的电动机，其控制方式可分为全步进控制、半步进控制和微步进控制，其中微步进控制方式能够大幅提高定位精度，满足精密运动控制需求，因此步进电动机在小型机器人中应用较为广泛。但与此同时，由于步进电动机具有低速运动有脉动、调速范围较小、过载能力不强等缺点，其一般也仅适用于简易型或小型机器人中。

2.2.4　驱动系统的选用原则

工业领域的相关人员为工业机器人选择驱动系统时应综合分析工业机器人的性能、控制功能、运行功耗、应用环境、作业要求、性能价格比等各项相关因素，并深入思考驱动系统的特点和工业机器人的性能规范等实际情况，充分确保驱动系统的可靠性和可行性。一般来说，工业机器人驱动系统的选用原则主要涉及以下几个方面的内容。

（1）控制方式

液压驱动系统常用于一些具有低速、重负载等特点的工业机器人中，如物料搬运机器人等；气动驱动系统常用于一些具有高速、轻负载等特点的工业机器人中；电动驱动系统常用于一些中等负载的工业机器人中。除此之外，电液伺服驱动系统和电动伺服驱动系统等伺服驱动系统常用于一些对点位、控制精度、连续轨迹控制以外的方面没有特殊要求的工业机器人中，如点焊机器人、弧焊机器人、喷涂机器人等，与此同时，电液伺服驱动系统还可在具有重负载特点的搬运机器人和具有防爆需求的喷涂机器人中发挥作用。

（2）作业环境

喷涂机器人的作业环境存在爆炸的风险，因此对防爆方面的要求较高，相关工作人员需要为喷涂机器人选用具有安全防爆作用的电液伺服驱动系统或交流电动伺服驱动系统；水下机器人、空间机器人、核工业专用机器人等工业机器人的作业环境常出现具有易燃、易爆、腐蚀性和放射性等特点的物质，为了确保机器人作业的安全性，相关工作人员需要为处于这种工作环境中的工业机器人选用交流伺服驱动系统；对于一些对作业环境的整洁度要求较高的工业机器人，相关工作人员则需要为其选用直接驱动电动机驱动系统。

（3）操作运行速度

装配机器人通常对点位重复精度和运行速度有着较高的要求，因此相关工作人员需要为其选用直接驱动电动机驱动系统，但当装配机器人的运行速度降低时，也可以选择使用交流电动机伺服驱动系统、直流电动机伺服驱动系统或步进电动机伺服系统。

2.3　工业机器人的传动机构

如同驱动系统，传动系统也是工业机器人重要的动力系统。驱动系统发出的动能经过传动系统带动关节的活动，从而使得机器人执行具体的操作。由于关节形式的不同，工业机器人的传动可以分为直线传动方式和旋转传动方式。

2.3.1　直线传动机构

直线传动方式即方向呈直线的传动，比如在球坐标结构中的径向伸缩驱动，在圆柱坐标结构中的垂直升降驱动与径向驱动，以及更为典型的在直角坐标结构中 X、Y、Z 向驱动。与机器人的直线传动方式相关的部件便属于其直线传动机构，主要包括移动关节导轨、齿轮齿条装置、滚珠丝杠以及液（气）压缸等。

（1）移动关节导轨

移动关节导轨可以保障工业机器人运动的导向以及位置的精确。目前，常用的移动关节导轨主要有以下几种。

① 滚动导轨。在工业机器人领域，滚动导轨是应用最为广泛的一种移动关节导轨。如图 2-30 所示即包容式滚动导轨的结构。首先，滚动导轨的底部需要配置支承座，以便其应用过程中与操作平面的接触；其次，滚动导轨的套筒需要呈开放状态，以便其嵌入滑枕。这样的结构使得滚动导轨不仅能够顺畅连接其他元件，还具有比较高的刚度。

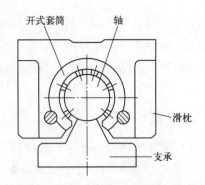

图2-30　包容式滚动导轨结构

② 气浮导轨。气浮导轨的工作原理即机器人静止和活动时导轨内气体的动静压效应。与其他的移动关节导轨相比，气浮导轨的优点比较明显，由于导轨工作时，气体能够起到润滑作用，而不会产生物体之间的摩擦，因此不仅驱动功率较低，导轨也不易产生磨损。与此同时，气浮导轨也具有阻尼和刚度相对较低的缺点。

③ 液压静压滑动导轨。液压静压滑动导轨的工作原理是借助接触面间的液压油使运动件浮起。与滚动导轨和气浮导轨相比，液压静压滑动导轨能够完全消除间隙，因此其不仅摩擦因数小，阻尼和刚度也都比较高。但是，由于液压静压滑动导轨需要配置液压系统和润滑油回收装置，因此其结构较为复杂，所需的制造成本也比较高。

④ 普通滑动导轨和液压动压滑动导轨。与以上的几种移动关节导轨相比，普通滑动导轨和液压动压滑动导轨的结构较为简单，所需的制作成本也相对较低。但这两种导轨的不足之处在于：其一，普通滑动导轨和液压动压滑动导轨的摩擦因数并不稳定，会随着机器人的运动发生变化，容易造成爬行现象；其二，普通滑动导轨和液压动压滑动导轨的设计原理使得导轨内需要留有间隙，但间隙的存在容易引起有效载荷以及坐标位置的变化，使得运行不够平稳。

（2）齿轮齿条装置

由于齿轮与齿条具有高精度、高负载能力等特点，因此其经常应用于工业自动化设备中，工业机器人手臂抓取机构是齿轮齿条传动装置的典型应用场景，齿轮齿条式手臂结构如图2-31所示。齿轮齿条装置由齿轮和齿条共同组成，其工作原理是将齿条的往复直线运动与齿轮的旋转运动相互转化，从而实现机器人手臂的移动、升降等运动。

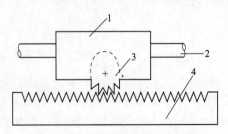

图2-31　齿轮齿条式手臂简易结构

1—拖板；2—导向杆；3—齿轮；4—齿条

（3）滚珠丝杠

在工业领域的传动装置中，滚珠丝杠是极为常见的一种机械部件。由于具有摩擦阻力小等明显的优势，滚珠丝杠常被用于精密仪器和工业设备中。滚珠丝杠由钢球、螺母、螺杆等组成，其工作原理是在螺母的螺旋槽中放置若干滚珠，将旋转运动转化为直线运动，如图2-32所示。与其他的移动关节导轨相比，滚珠丝杠的传动效率高，可以有效减少爬行现象。

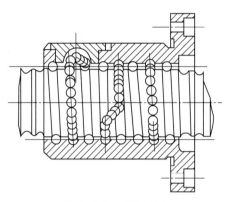

图2-32　滚珠丝杠

（4）液（气）压缸

液（气）压缸应用于移动关节导轨中，可以将液压泵（空压机）带来的压力转化为动能，从而驱动工业机器人的手臂完成预期的直线运动。液（气）压缸的组成部件主要包括缸筒、活塞以及密封装置等，其工作原理如下：当液压油或空气进入液（气）压缸后，便可以推动活塞从液（气）压缸的一端移动到另一端；调整进入液（气）压缸的液压油或空气的流量、流向等参数，还可以相应地改变运动速度和方向。

2.3.2　旋转传动机构

与直线传动方式相对应，方向不呈直线的传动即旋转传动方式，而与机器人的旋转传动方式相关的部件便属于其旋转传动机构。从理论上来说，电动机可以直接产生旋转运动，但这种旋转运动不仅转速较快，而且产生的力矩也较小。

对工业机器人而言，其所需要的旋转传动机构应该满足以下几点要求：传动效率高，能够满足机器人操作时的可靠性、定位精度等要求；输出力矩较大，可以将较高的转速转换为机器人运作所需要的转速。常用的工业机器人旋转传动机构主要包括齿轮传动装置、同步带传动装置、谐波齿轮装置、摆线针轮传动减速器等。

（1）齿轮传动装置

齿轮传动指的是通过轮齿之间的啮合进行动力和运动的传递。这种传动机构一般应用于台座中，将齿轮传动装置与长传动轴联合使用，能够有效扩大驱动装置与关节之间的传动距离。在日常生活中，自行车的运作方式也属于齿轮传动。面对齿轮传动装置的优缺点进行简单比较，如表2-4所示。

表2-4　齿轮传动装置的优缺点比较

优缺点比较	具体内容
优点	① 齿轮传动的传动效率高，在精度较为理想的情况下传动效率可达到95%左右； ② 齿轮传动的传递功率可调节范围大，比如仪表中齿轮的功率较小，但大型的工业机械中齿轮传动的功率能够达到数万千瓦； ③ 齿轮传动的速度范围大，适用的工业场景广泛； ④ 齿轮传动装置的结构比较紧凑，因此不仅传动平稳可靠，而且维护成本低
缺点	① 齿轮传动不支持无级变速； ② 齿轮传动不适用于两个轴间距过大的应用场景； ③ 齿轮传动需要专用的测量仪器、切齿机床等，以满足制造和安装精度方面的要求； ④ 齿轮传动无法实现过载保护； ⑤ 齿轮传动无法消除噪声、振动等

（2）同步带传动装置

同步带传动装置的带轮与传送带之间的接触面侧均需要是能够一一对应的齿形，以通过齿轮的啮合传递动力和运动，如图2-33所示。同步带传动装置的特点使得其在工业机器人领域的应用场景主要为平行轴间运动的传递。

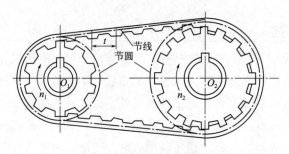

图2-33　同步带传动原理

下面对同步带传动装置的优缺点进行简单比较，如表2-5所示。

表2-5　同步带传动装置的优缺点比较

优缺点比较	具体内容
优点	① 同步带传动不易出现轴与轴承过载的情况； ② 同步带传动所需的初始拉力较小； ③ 同步带传动的速比范围较大； ④ 同步带传动运作时不会出现滑动，传动平稳
缺点	与齿轮传动装置一样，同步带传动装置对于制造和安装精度的要求也非常严格，而且为了避免机器故障、延长使用寿命，同步带传动装置需要使用的材料成本也比较高

（3）谐波齿轮装置

谐波齿轮装置在工业机器人中的应用较为广泛，其主要由柔性齿轮、刚性齿轮和谐波发生器组成，如图2-34所示。

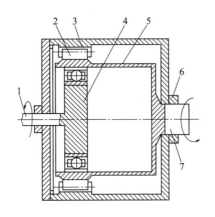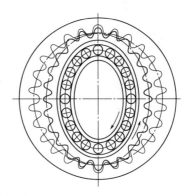

图2-34 谐波齿轮传动

1—输入轴；2—柔性外齿圈；3—刚性内齿圈；4—谐波发生器；5—柔性齿轮；6—刚性齿轮；7—输出轴

谐波齿轮装置的工作原理如下：在谐波齿轮装置中，谐波发生器位于输入端，柔性齿轮位于输出端，刚性齿轮呈固定状态；谐波发生器内的钢珠能够支承柔性齿轮，当谐波发生器开始运动后就能够驱动柔性齿轮的旋转；柔性齿轮会沿刚性齿轮的刚性内齿圈转动，由于柔性齿轮与刚性齿轮的齿数不同（刚性齿轮比柔性齿轮多两个齿），因此当柔性齿轮转动一圈，其就能够反向转过一定转角。

（4）摆线针轮传动减速器

20世纪80年代，日本研发出能够用作机器人传动装置的摆线针轮传动减速器，其传动的原理来自针摆的传动。

图2-35所示为摆线针轮传动简图。摆线针轮传动减速器主要包括摆线针轮行星减速机构和渐开线圆柱齿轮行星减速机构，其工作原理如下：曲柄轴与行星轮连接在一体，二者位于摆线针轮传动的输入端；当中心轮沿顺时针方向旋转时，行星轮将被带动进行公转，并沿逆时针方向自转；行星轮的转动能够带动曲柄轴运动，并使得摆线轮完成平面运动；摆线轮在绕针轮轴线公转的同时沿顺时针方向自转，并带动曲柄轴运动，从而使得行星架输出机构能够沿顺时针方向转动。

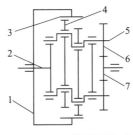

图2-35 摆线针轮传动

1—针齿壳；2—输出轴；3—针齿；4—摆线轮；5—曲柄轴；6—行星轮；7—中心轮

第 3 章

工业机器人运动轨迹规划

3.1 工业机器人的路径规划

路径规划技术是工业机器人实现自主移动的基础，也是目前机器人研究领域要处理好的关键问题之一。该技术产生于20世纪70年代，随着技术理论创新与应用实践深化，已经取得了较为丰硕的成果。从现阶段看，工业机器人路径规划方法可以从不同角度划分，如图3-1所示。

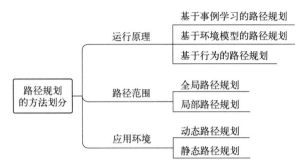

图3-1 工业机器人路径规划的方法划分

工业机器人路径规划技术的目的是使机器人能够基于对环境的感知自动规划出合理、安全的行进路线，以完成具有移动性的作业任务。具体地说，该技术主要用于解决以下3个问题：

- 使机器人在正确定位目标位置的基础上，顺利完成从初始位置到目标位置的位移；
- 在位移过程中能够自动避开行进路线上存在的障碍物，或行进过程中达到中间位置完成相应的作业任务；
- 在满足上述要求的基础上，尽量缩短移动距离或移动时间，以提高作业效率。

从工业机器人路径规划的具体算法和策略的角度看，其路径规划方法主要有：基于模板匹配的路径规划、基于人工势场的路径规划、基于地图构建的路径规划和基于人工智能的路径规划。

3.1.1 模板匹配路径规划技术

基于模板匹配的路径规划技术重点在于建立较为全面的模板库。模板库是路径规划信息的集合，其中包含过往每一次任务生成的路径信息和环境信息。当一个新的路径规划任务被创建时，机器人控制系统（或路径规划模块）可以将当前任务环境与过往任务进行对比，通过特定索引读取到模板库中与当前任务状态最为接近的路径模板，并对其进行局部修正，获得一条与当前任务要求匹配的新的路径。这一方法大多用于环境确定的、可行进路线相对固定的场景中。

模板匹配路径规划方法的应用效果容易受到模板库的丰富程度的影响。当模板库足够丰富时，系统匹配的成功率较高，可以取得较好的应用效果；反之，如果系统在模板库无法找到与当前任务相匹配的路径案例，则难以顺利完成任务。因此，这一方法在静态环境中的应用效果较好，而在复杂的、多变的动态环境中的应用性能将受到制约，这也是目前该技术发展所面临的主要问题，其适应性和灵活性还有待提升。

3.1.2　人工势场路径规划技术

人工势场路径规划技术，其原理是基于机器人的运动场景，构建一个虚拟的人工势场，该势场中包含引力场和斥力场两部分，引力场即目标位置对工业机器人产生的势场，方向由机器人指向目标位置；斥力场即障碍物对机器人产生的势场，方向由障碍物指向机器人。机器人的移动路径受到两种势场合力作用的控制。

在原先提出的人工势场路径规划模型中，工业机器人处于静态环境——即障碍物和目标位置是固定不变的，机器人在移动过程中只需要避开静态的障碍物抵达目标位置即可，而不必考虑障碍物的运动速度和运动方向。

但在实际应用场景中，障碍物和目标位置可能是随时变化的。针对机器人在动态环境中的路径规划问题，有学者提出了一种相对动态的人工势场方法，即将时间这一变量引入到计算过程中，通过计算某一个时间点上的障碍物位置和目标位置来进行路径规划。这样，就以静态路径规划模型实现了在动态环境中的路径规划。

人工势场路径规划技术通常应用在局部或小范围的场景中，其原理虽然简单，但赋予了工业机器人随时适应周围环境变化的良好性能，机器人的运动轨迹是由实时的控制量产生的，这便于底层的实时控制，该技术在应用领域得到了广泛研究，且取得了一定的成果。同时，该方法也存在一定的局限性，对于引力场和斥力场的设计可能存在不确定因素，例如当障碍物较多时容易导致计算量过大；如果障碍物贴近目标位置，可能导致机器人难以到达目的地；等等。

3.1.3　地图构建路径规划技术

该技术涵盖地图构建和路径规划两个任务，前者是指机器人综合其传感器采集到的障碍物信息和原有场景数据，将其所处的环境转化为可理解和处理的地图表示；在数字地图的基础上按照一定规则确定最优路径则是后者的任务内容。机器人可以将区域场景划分为不同的网格空间（如限制空间和自由空间），然后根据限制空间的分布情况确定最优路径。地图构建与路径规划具体可以通过可视图法、切线图法、Voronoi图法、栅格法等方法实现，如图3-2所示。

图3-2　地图构建和路径规划的主要方法

（1）可视图法

简单地说，该方法利用两点之间直线最短的原理，把机器人作为一个点（视为起点），并将该点与障碍物各顶点、目标点相连接，同时保证直线不穿过障碍物，由此可以获得分布若干条直线的可视图。在可视图中，从起点到目标点的直线路径都是机器人的无碰路径，系统需要进一步判断筛选，确定到达目标点的最短路径。

（2）切线图法

切线图法也是通过"画线"进行路径规划的方法，切线图主要由机器人周围的障碍物边界构成，每条边界都是机器人与障碍物之间的接触线或切线，不规则的障碍物形状转化为近似多边形进行计算。由此，机器人沿切线行走时，几乎是围绕障碍物行走。该方法可以适用于具有复杂障碍物的环境，但因为需要精确的障碍物边界信息（以避免位置误差），对传感器的数据质量和处理速度有较高的要求。

（3）Voronoi图法

该方法基于Voronoi图的构建，将环境划分为不同的区域来实现路径规划和导航。Voronoi图是一组连接两邻点直线的垂直平分线组成的连续多边形的集合。在路径规划的应用场景中，先找到某一障碍物边上的任意一点，连接该点到邻近障碍物的边的最短线段，作该线段的垂直平分线，多条垂直平分线交点的组合将环境划分为不同的区块，这些区块是机器人导航和路径规划的基础。Voronoi图法最大限度利用了障碍物之间的空隙，能够有效地表示和处理障碍物的位置，从而使机器人找到一条能够最大程度远离所有障碍物的安全行驶路径。

（4）栅格法

栅格法是一种将环境划分为矩形栅格（即单元格、网格），并在每个单元格中表示地图信息的方法。所划分的单元格通常是相互连接且不重叠的，每个单元格可以表示为障碍物、空闲区域等地图信息。系统根据表示障碍物的栅格的占有情况，规划出能够无碰撞到达目标位置（目标栅格）的最优路径。

栅格法根据对栅格处理方式的不同，又可以细分为精确栅格法和近似栅格法。精确栅格法的特点是所划分单元格的组合与实际空间场景的状态精确相符；而近似栅格法也称为"概率栅格法"，该方法将空间场景分割为多个较大的矩形，再将其中包含障碍物的矩形进一步分割为多个更小的矩形……根据需求递进划分，直到达到解的界限为止，最典型的划分方法是"四叉树"分割法。

总之，使工业机器人自主进行地图构建与路径规划是机器人研究领域的重要课题，目前根据该技术的应用需求和技术原理不同，有不同的发展方向。而在实际应用中，由于机器人可获取的传感数据有限，这可能导致系统对障碍物信息的计算与判断出现误差，或难以准确计算出移动中的障碍物位置；另外，对地图的更新频率、所分割网格数量、分辨率高低等因素都会影响路径规划的准确性和实时性。因此，该技术在应用中需要寻求实时性、准确性与系统计算量等性能要求上的平衡。

3.1.4　人工智能路径规划技术

人工智能路径规划技术是一种基于现代人工智能算法模型进行路径规划的方法，该方法使工业机器人的智能化程度进一步提高，根据算法原理，可以分为人工神经网络、遗传算法、模糊逻辑等，如图3-3所示。

图3-3　人工智能路径规划技术

（1）人工神经网络

人工神经网络（artificial neural network，ANN）是对人类大脑的功能——认知与人类神经元信息传递进行模拟，由此使机器获得自我认知与学习能力，人类的神经网络具备的能力是根据每个神经元的属性、功能及相互间的连接方式定义的。在人工神经网络中，每个计算单元代表一个神经元，可以通过网络传递和复制所接收到的信息，基于对算法模型的训练，能够实现对知识信息自主搜索、学习和识别等，并对一些复杂问题提出解决方案。

目前，机器人的路径规划与导航问题可以综合多种智能方法来解决。例如，在人工神经网络的基础上引入粒子群优化算法（particle swarm optimization，PSO），能够为机器人创建一条更为平滑的运动轨迹。但人工神经网络的应用也有着局限性，为了保证统计结果、计算结果的精确度，可能存在训练数据量大，训练周期较长，模型开发成本较高（如算力、人力需求）等问题。

（2）遗传算法

遗传算法（genetic algorithm，GA）也是目前人工智能领域研究较多的算法工具之一，它应用了生物学领域自然选择的思想，在没有任何先验知识的情况下，从既有条件或环境中获取知识，然后通过交叉、变异和选择等进化算法输出最优结果。因此，该算法可以用于输出较为精确的、高质量的问题解决方案。

二十世纪八九十年代，工业机器人领域引入了遗传算法，主要用于解决冗余度机器人的逆运动学问题。在路径规划的应用场景中，可以将机器人到达目标点的路径表示为遗传领域的基因型串结构数据，每一个基因型串结构数据视为一个个体，若干个基因型串结构数据则组成一个群体，算法的目的是通过交叉、变异和选择等方式筛选出群体中的优良个体，输出的最终结果是能够避开所有障碍物的最佳路径，其中，优化约束条件有助于减小路径距离。

（3）模糊逻辑

模糊逻辑（fuzzy logic，FL）算法是基于传感器采集的各类数据信息（包括障碍物与机器人的运动状态、位置状态等），结合模糊规则控制机器人的转向角度、行进速度等运行状态。该方法赋予了机器人启发式的对周围环境的推理、认知能力，可以辅助机器人在动态的、局部的环境中规划出有效路径，对复杂环境的适应性较强，且使机器人的控制性能得到提升，目前已经得到广泛应用。

3.2　工业机器人的轨迹规划

3.2.1　轨迹规划概述及其分类

随着科学技术的不断进步，各类工业机器人逐渐被广泛应用到工业领域中，并充分发挥其精准度高、灵活性强和工作效率高的优势，代替人来高效完成各项工业生产活动，工业自动化水平大幅提高，同时工业机器人的落地应用也提高了劳动生产率，降低了工人的工作压力，还帮助工人有效解决了各类难以处理的复杂工作。

关节型机器人是工业领域常用的机器人之一，具有类人化的肢体构造，且从形式上来看大多存在自由度冗余的情况。轨迹规划是机器人研究人员研究的重点内容，具体来说，轨迹规划能够直接影响机器人的运动方式和作业性能，良好的轨迹规划能够为机器人的运动控制提供强有力的支持，因此机器人的相关研究人员需要强化机器人的轨迹规划能力，让机器人能够根据实际应用场景及时设计相应的轨迹规划方案，进而充分确保机器人能够按照轨迹安全、稳定、高效地运动和执行工作任务。

轨迹规划在机器人参与工业生产活动的过程中发挥着十分重要的作用。在焊接和喷涂等作业中，为了保证作业质量，机器人需要在明确轨迹规划的前提下严格按照作业要求来精准控制末端执行器的位移、速度和加速度。不仅如此，良好的轨迹规划方案还能够充分确保机器人作业的准确性及运动的稳定性，有效避免机械磨损，并在节约能源的同时提高机器人的工作效率，进而达到优化机器人的运动方式、提高机器人的作业精度和延长机器人的使用寿命的目的。

轨迹规划能够明确工业机器人运动时的时间和空间之间的联系，并在此基础上进一步明确机器人的运动轨迹，以便机器人根据规划好的路线运动，并精准高效地执行各项特定的工作任务。由此可见，机器人轨迹规划可看作是运动量关于时间的函数，既能实现机器人实时定位，也能实时采集机器人的姿态信息。

为了充分确保轨迹规划方案的实用性和可行性，相关人员在利用该函数进行轨迹规划时还需综合考虑振动问题、电机加速性能和时间离散化问题等诸多与机器人运动和机器人性能息息相关的问题。

轨迹规划需要以充分考虑机器人的性能和实际工作内容为前提，明确机器人的位移、姿态、速度和加速度等各项运动量随时间的变化情况，并据此设计机器人执行器的期望运动轨迹。不仅如此，轨迹规划也是从机器人的期望运动轨迹及运动学和动力学系统参数到机器人各关节和末端执行器的位移、速度、加速度等运动量的解决方案。

轨迹规划具有设计轨迹跟踪运动的作用，能够在明确作业任务和作业精度的基础上为机器人末端执行器按预设的轨迹运动提供支持。在实际应用中，机器人需要借助逆解计算的方式在指定点获取关节变量信息，以便确定自身的各个关节的具体位置。不仅如此，机器人还需要将整个运动轨迹划分成多段轨迹，并针对各个分段轨迹分别进行详细规划，进而确保整个运动轨迹能够完全与预期轨迹相符。

一般来说，轨迹途中的路径点越多，机器人的实际运动轨迹与预期轨迹之间的重合度就越高，但同时运算量也会随之增加，因此机器人若要实现有效的轨迹控制，就必须使用运算能力强大的运算芯片。轨迹规划常规流程如图3-4所示。

图3-4　轨迹规划的常规流程

工业机器人的轨迹规划主要包括基本轨迹规划和最优轨迹规划，其中，基本轨迹规划又分为笛卡儿空间规划和关节空间规划两种类型。

• 笛卡儿空间规划是一种以机器人末端执行器的轨迹曲线为规划对象，以机器人的工作坐标系为规划场所的机器人运动轨迹规划方式，具有规划结果直观性强的优势，能够有效支承机器人的执行器按照预先规划好的轨迹进行曲线运动。

• 关节空间规划是一种以机器人的各个关节的角度为规划对象，以机器人的关节空间为规划场所的机器人运动轨迹规划方式，能够有效支承机器人的各个关节根据运动轨迹规划来运动。

现阶段，许多工业机器人既有笛卡儿空间规划功能，也有关节空间规划功能，能够充分满足用户在机器人运动轨迹规划方面的要求。一般来说，除笛卡儿坐标系中有特殊要求的情况外，用户大多使用关节空间轨迹规划的方式来进行机器人运动轨迹规划。

总而言之，任何一种轨迹规划方法都需要在机器人运动学和动力学的限制范围内使用，同时机器人也需要具备连续的导数，同时在充分考虑自身各部件性能的前提下生成具有连续性、平滑性等特点的运动轨迹规划方案，并从实际情况出发在最大限度上对机器人运动轨迹规划方案进行优化，具体来说，可以选择时间最优、能量最优、冲击最优、混合最优等多种优化方案。

3.2.2　笛卡儿空间轨迹规划

随着机器人技术的不断进步，机器人产品日渐成熟，并逐渐被广泛应用到工业、军事和医疗等多个领域。机器人轨迹规划决定了机器人的运动轨迹，同时也影响着机器人在执行工作任务时的速度、稳定性和精确度，因此，机器人轨迹规划算法是当前机器人控制相关研究中的重要内容。

笛卡儿坐标系通常是基于直角坐标系的二维坐标系或三维坐标系，能够采集机器人的位置信息和姿态信息，同时从平移和旋转2个自由度出发对机器人的位置和姿态进行描述，并在此基础上实现对机器人的运动轨迹的有效规划和对运动情况的精准控制。一般来说，笛卡儿空间轨迹规划控制常用于机器人末端执行器的运动轨迹规划当中，通常通过转换任务要求的方式来明确与机器人末端执行器的位置和姿态相关的要求，并利用插值或优化的方式来生成机器人末端执行器的运动轨迹。

现阶段，已经有许多科研人员在积极研究笛卡儿空间轨迹规划算法，并在各种应用场景中进行试验，同时也在不断开发新的机器人运动轨迹规划算法，这些算法可以按照研究方法和求解过程分为不同的类型，具体来说，机器人运动轨迹规划算法主要包括以下几种类型，如图3-5所示。

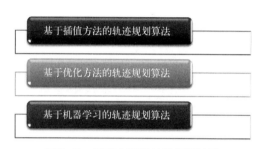

图3-5　机器人运动轨迹规划算法

（1）基于插值方法的轨迹规划算法

在笛卡儿空间中，大多数机器人所使用的基于插值方法的轨迹规划算法可分为直线插值、圆弧插值和样条插值三种类型，且这三种轨迹规划算法均具有简单化和高效性的优点。具体来说，直线插值就是通过将整个路线划分成众多小线段，并对各个小线段进行加减速规划的方式来助力机器人按既定的运动轨迹安全稳定运动；圆弧插值就是基于直线插值对机器人的运动轨迹进行曲线化处理，具有优化运动效果的作用；样条插值就是通过在曲线上对各个位置点进行插值计算的方式来为机器人生成平滑的曲线轨迹规划。

（2）基于优化方法的轨迹规划算法

为了进一步强化机器人系统的控制能力和优化思想，相关研究人员积极开展机器人运动轨迹算法相关的研究，力求通过优化目标函数的方式在最大限度上优化机器人在笛卡儿空间中的运动轨迹。在笛卡儿空间中，机器人通常利用遗传算法、粒子群算法、模拟退火算法等基于优化方法的轨迹规划算法来实现安全、稳定、高效的运动轨迹规划。

（3）基于机器学习的轨迹规划算法

随着人工智能技术的飞速发展，机器学习方法有了更加广阔的应用空间。机器人可以借助数据训练和学习的方式来构建机器学习模型，并利用该模型和相应的拟合方程来提高机器人运动轨迹规划的精准性，优化轨迹规划效果。一般来说，机器人常用的基于机器学习的轨迹规划算法主要包括决策树算法、神经网络算法和支持向量机算法等几种类型。

以上各类笛卡儿空间轨迹规划算法的优势和不足之处各不相同，且不同的轨迹规划算法的适用范围也存在差别。具体来说，直线插值算法具有高效性和简单化的优势，同时也存在计算精确度不稳定的不足之处；圆弧插值算法具有能够为机器人规划曲线形的运动路线的优势，但同时也存在运动轨迹控制难度大等不足之处，且通常需要充分考虑运动轨迹的曲率对机器人运动情况造成的影响；基于优化方法的轨迹规划算法具有能够最大限度优化机器人运动轨迹的优势，但同时也存在用时长、计算复杂等不足之处；基于机器学习方法的轨迹规划算法具有计算精度高、规划效果好等优势，但同时也存在数据训练量大、计算时间长等不足之处。

随着机器人在各行各业中的应用越来越广泛，相关研究人员需要进一步加大对机器人轨迹规划算法的研究力度，促进多种轨迹会话算法互相融合、协同作用，以便有效解决笛卡儿空间中的各类机器人运动轨迹规划相关问题。

3.2.3 关节空间轨迹规划

关节空间轨迹规划，即对机器人运动时关节的运动轨迹进行规划。由于关节是机器人重要的连接和活动部件，因此关节空间轨迹规划对于机器人运动性能和工作效率的提升是至关重要的。在进行关节空间轨迹规划时，既需要考虑关节的特点，也需要分析机器人的整体运动和动力特性。目前，常用的关节空间轨迹规划方法主要有插值算法和优化算法。

（1）插值算法

插值是离散函数逼近的一种重要方法，插值算法指的是通过对关节的活动角度进行插值的方式生成一条连贯平滑的轨迹曲线。在关节空间轨迹规划中，插值算法的应用最为常见。根据插值方式的不同，插值算法又可以分为以下几种。

① 多项式插值。在关节空间轨迹规划的插值算法中，多项式插值的应用较为简单。多项式插值，指的是通过对关节的活动角度进行多项式逼近生成一条连贯平滑的轨迹曲线。根据插值数目的不同，多项式插值又包括三次多项式插值、五次多项式插值等。

a. 三次多项式插值的公式为：

$$\theta(t) = a_0 + a_1 t + a_2 t^2 + a_3 t^3$$

如果对应活动关节的运动速度及初始和结束位置均已知，那么就可以代入公式求解4个未知数的数值，从而获得对应的轨迹。比如，当我们假设关节的初始和结束位置分别为 $\theta(0) = -2$，$\theta(t_f) = 2$，那么通过三次多项式插值获得的轨迹规划结果如图3-6（a）所示。

通过三次多项式插值算法能够获得关节的轨迹曲线，从而既能够有效控制机器人末端执行器的运动，也能够使得机器人关节的活动角度呈现连续性。与其他算法相比，三次多项式插值算法的计算也较为简单，因此这种算法在工业机器人轨迹规划中应用较为广泛。不过，这种算法也有其局限性，由于并不会对关节角的加速度进行约束，所以获得的运动轨迹无法保证关节角的加速度呈现连续性，而这也就给机器人带来了一定的冲击和振动风险。

　　b. 五次多项式插值的公式为：

$$\theta(t)=a_0+a_1t+a_2t^2+a_3t^3+a_4t^4+a_5t^5$$

　　如果对应活动关节的运动速度、关节角的加速度及初始和结束位置均已知，那么就可以代入公式求解5个未知数的数值，从而获得对应的轨迹。同样，当我们假设关节的初始和结束位置也分别如上，那么通过五次多项式插值获得的轨迹规划结果如图3-6（b）所示。

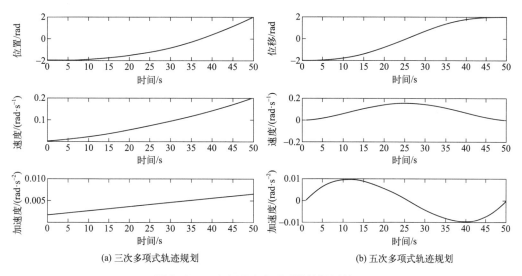

(a) 三次多项式轨迹规划　　　　　　　　(b) 五次多项式轨迹规划

图3-6　三次和五次多项式轨迹规划结果

　　与三次多项式插值算法相比，五次多项式插值算法增加了对于关节加速度的约束，因此能够保证机器人的关节角、关节角速度及关节角加速度均呈现连续性。因此，在满足合适的条件时，五次多项式插值算法获得的关节空间轨迹更加平滑。

　　除以上提到的三次多项式插值算法和五次多项式插值算法外，有时也会应用七次多项式插值算法。具体应该使用何种多项式插值算法，需要依据轨迹曲线的要求和既定的约束条件而定。从理论层面来说，如果已知约束条件足够，那么可以结合多种算法获得一条平滑度更高的轨迹。

　　② 样条插值。样条插值算法主要适用于连续的关节轨迹规划，其以多项式插值算法为基础，最终获得一条连续且平滑的轨迹曲线。样条插值算法的基本思路为：首先，将关节的空间轨迹划分为若干轨迹片段；其次，针对每一个轨迹片段均使用多项式插值算法获得对应轨迹曲线；再次，片段与片段的连接处利用多项式插值算法的一阶导数和二阶导数进行连接；最后，获得关节运动的连续且平滑的轨迹曲线。

　　与多项式插值算法相比，样条插值算法的优势主要体现在其获得的轨迹曲线更加平滑、路径的过渡更加自然，而这样的优势也更符合工业机器人发展对于稳定性和精度等方面的要求。不过，样条插值算法的计算方法也相对更加复杂，比如，当进行三次样条插值获得轨迹时，首先，需要对相应的示教点进行插值；然后，基于运动学和离散化原理进行求解；最后，利用三次样条函数得出最终的轨迹曲线。显而易见，这种算法的计算量比较大，且当轨迹分段越多时，计算量也会相应增加。

除以上提到的一般样条插值算法外，目前以下两种样条插值算法也已经应用于工业领域：

• NURBS（non-uniform rational B-splines，三次非均匀有理B样条曲线）插值：这种算法的表现比较稳定，能够较为理想地控制相应端点的行为；

• B样条曲线（B-splines）插值：这种算法适用于插值点之间的距离比较近的情况，如果插值点间隔拉大，那么获得的轨迹曲线就容易发生突变、不够平滑。

③ 优化插值。优化插值是一种能够利用优化模型和数学优化方法来为机器人进行运动轨迹规划的插值算法。具体来说，机器人可以借助优化差值的方式来动态调整自身在关节空间的关节角度参数，并在此基础上规划出一条平滑的运动轨迹。

（2）优化算法

如同插值算法，优化算法在关节空间轨迹规划方面的应用也比较常见。优化算法是通过建立对应的优化模型，应用于机器人的关节空间轨迹规划，从而生成对应的平滑的轨迹曲线。常用的优化算法主要包括以下几种，如图3-7所示。

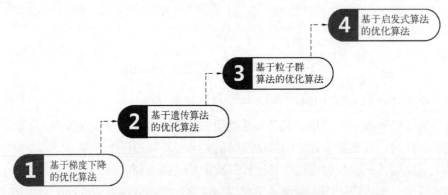

图3-7 关节空间轨迹规划的优化算法

① 基于梯度下降的优化算法。梯度下降属于一种迭代法，基于梯度下降的优化算法在关节空间轨迹规划中的基本思路为：首先，计算与关节轨迹相关的目标函数的梯度方向，也即关节空间轨迹的曲率及长度等；其次，依据已有的要求对关节角度的参数进行逐步调整；最后，得到的目标函数达到理想范围，此时对应的关节轨迹平滑度也符合要求。

② 基于遗传算法的优化算法。遗传算法是通过模拟自然进化过程获得最佳结果的方法，基于遗传算法的优化算法在关节空间轨迹规划中的基本思路为：不断生成新的关

节角度，然后获得对应的轨迹曲线，通过模拟自然进化过程筛选出最为理想的关节角度。

③ 基于粒子群算法的优化算法。粒子群算法，也称粒子群优化或微粒群算法，是对简化社会模型的模拟。基于粒子群算法的优化算法在关节空间轨迹规划中的基本思路与上述基于遗传算法的优化算法类似：不断生成新的关节角度，然后获得对应的轨迹曲线，通过对鱼类、鸟类等群体活动性动物的行为进行模拟，筛选出最为理想的关节角度参数。

④ 基于启发式算法的优化算法。启发式算法以仿自然体算法为主，主要包括神经网络算法、模拟退火算法等，基于启发式算法的优化算法在关节空间轨迹规划中的应用不仅相对比较简单，而且计算效率高，因此应用比较广泛。

3.2.4　最优轨迹规划算法

在任务设定完成后，工业机器人需要按照一定的轨迹进行操作，而其所选择的轨迹，应该综合任务要求、运动效果、运行平稳性、能量消耗状况以及工作效率等多方面的因素，因此就需要对工业机器人的轨迹进行规划，最优轨迹规划算法便应运而生。

由于工业机器人在实际运作的过程所执行的轨迹不可能各个方面均能达到最优，因此研究人员和设计者们便从时间、能量、冲击以及混合维度对最优轨迹进行规划，如图3-8所示。

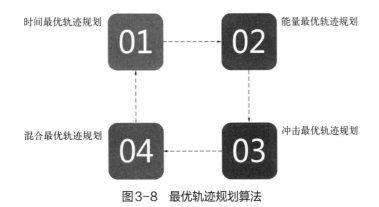

图3-8　最优轨迹规划算法

（1）时间最优轨迹规划

时间最优轨迹规划是最优轨迹规划算法中研究最早且最多的一种算法。时间最优轨迹规划指的是在限制条件的约束下，工业机器人能够在最短的时间内完成任务路径的规划方法。由于相同的一段路径，工业机器人执行时间最优轨迹规划方案用时最短，因此其工作效率也相对较高。

那么，要获得时间最优轨迹规划，就可以从不同角度入手，比如：

·从动力学或运动学切入，计算运动对象能够达到的最大速度和加速度等，从而获得时间最优轨迹规划方案；

·从遗传算法切入，利用计算机仿真运算，获得时间最优轨迹规划方案；

· 从其他角度切入，将时间最优轨迹规划问题转换为其他已经具有对应计算模型的问题，获得最优轨迹规划方案。

目前，随机搜索算法（random searching algorithm，RS）、模拟退火算法（simulate annealing algorithm，SA）、遗传算法（genetic algorithm，GA）等已经研究得较为成熟，并已经应用于多个领域，展现出较强的通用性，因此也逐渐应用到工业机器人的最优轨迹规划算法中。此外，逐次二次规划法（successive quadratic programming method，SQP）、广义约化梯度法（generalized reduced gradient method，GRG）、罚函数法（penalty function method，PF）等也可以作为工业机器人的最优轨迹规划算法进行参考，但需要注意的是应用这些算法一般仅能获得局部轨迹的最优规划，而无法保证整个轨迹的规划最优。

随着工业机器人技术的进步以及应用范围的扩展，关于时间最优轨迹规划算法的研究也越来越倾向于不再单一应用某种特定算法，而是将二次规划算法、粒子群算法、混沌算法、路径跟踪算法等优化工具与约束优化（constrained optimization）结合，以提高时间最优轨迹规划的科学性和通用性。目前，纵观已经推出的各种时间最优轨迹规划算法，有的应用约束条件过多，有的优化效果并不理想，有的还停留在理论阶段，并没有一种通用的时间最优轨迹规划算法，当然，这个问题在其他最优轨迹规划算法中也存在。

（2）能量最优轨迹规划

虽然能量最优轨迹规划在1970年就已经被提出，但此后二十年的时间却几乎没有相关研究，直至1990年以后关于该领域的全面研究才逐渐增多。能量最优轨迹规划指的是工业机器人完成相同路径所消耗能量最少的一种轨迹规划算法。

时间最优轨迹规划能够明显提升操作效率，因此其在工业领域拥有广阔的应用前景。但在某些情况下，时间最优实际上并不是轨迹规划最为看重的方面。比如，对于军事机器人、空中机器人、水下机器人等，由于其操作环境的特殊性，机器人本身并不能携带太多的能量，因此其最优轨迹规划算法就应该从能量最优方向着手。能量最优，具体可以从两个层面进行理解：

· 对工业机器人的动力系统进行优化，从而使得其能量的分配更加合理、更有利于任务的执行；
· 对工业机器人的操作轨迹进行优化，从而降低关节活动所损耗的能量。

与上述时间最优轨迹规划类似，能量最优轨迹规划也需要基于一定的约束和转化条件。而且，由于能量最优轨迹规划算法是从理论层面展开研究，因此在实际应用过程中可能会面临很多复杂的情况，比如，工业机器人的实际操作过程会衡量多种因素，因此能量最优轨迹规划算法并不能保证整个运作过程的能量消耗最优；能量最优轨迹规划一般假定机器人的运动是刚性的，而实际上机器人的关节有时会存在柔性变化，因此最终也不能保证获得能量最优解。

随着制造业的转型升级，工业机器人在进行生产作业时需要从多个角度进行衡量，而不能仅着眼于能量优化。因此，在进行最优轨迹规划算法研究时，能量优化一般只作为其中的一个参考因素，最终的最优轨迹规划算法获得的应该是综合优化轨迹。

（3）冲击最优轨迹规划

冲击最优轨迹规划指的是基于其他的约束条件，工业机器人完成设定任务所造成的冲击最小的一种轨迹规划算法。工业机器人运动的过程中会产生速度和加速度，加速度的大小会影响机器人关节力矩变化的快慢，即造成一定的冲击。如果冲击过大，不仅会增强过冲和振动，影响机器人操作的平稳性；而且会增加机器的磨损，使得机器人的寿命缩短。进行冲击最优轨迹规划，主要有两方面的目的：

• 其一，通过对轨迹的规划，减少机器人在执行任务过程中产生的抖动、共振，尽可能减少机器磨损、延长机器人的使用寿命；
• 其二，通过对轨迹的规划，降低机器人在执行任务过程中所受到的冲击，从而保证轨迹跟踪的准确性。

由于机器人运动加速度的大小会直接影响机器人所受冲击的强弱，因此目前对于冲击最优轨迹规划的研究重点仍然是加速度。此外，与上述的最优轨迹规划算法一致，冲击最优轨迹规划通常也并不单独使用，而需要与其他最优轨迹规划算法相结合。不过，关于冲击最优轨迹规划与其他最优轨迹规划的相关性如何、冲击最优轨迹规划是否与机器人的工作效率相背离等问题，均有待进一步研究。

（4）混合最优轨迹规划

上文已经提到，由于机器人作业的复杂性，因此单一的最优轨迹规划算法并不能满足应用的需求，机器人所需的往往是一种混合的最优轨迹规划算法，比如将时间最优轨迹规划与能量最优轨迹规划相结合的时间 - 能量最优轨迹规划就能够兼顾时间和能量两方面的要求，而这也是工业领域极为重要的两项作业标准。

混合最优轨迹规划虽然能够从两个或更多角度进行最优轨迹规划，但这种最优轨迹规划算法也具有比较高的难度，因为机器人进行最优轨迹规划需要考虑的维度很多，有的维度可能具有非线性特征，不同的维度也缺乏明显的相关性。

因此，前期混合最优轨迹规划主要采用二次规划法或罚函数法，即优先确定一个维度的最优解后再兼顾另一个维度，不过，由于这种算法会受一定主观因素的影响，而且无法保证全局最优，因此达到的效果也并不理想。

随着相关算法的不断改进，工业机器人领域的混合最优算法也有了更多创新的可能，比如引入遗传算法、动态规划算法、PSO算法等，算法的提升虽然解决了此前多目标优化的主观性问题，但基本思路仍然是首先赋予不同的目标相应的权重，然后综合得到最后结果。不过，目前关于混合最优算法的研究仍然还局限于理论层面，并未在工业机器人的实际应用中发挥作用。

第 4 章

工业机器人感知系统

ROBOT

4.1　工业机器人感知系统概述

4.1.1　感知系统的构成与原理

工业机器人进行作业的过程中，控制系统需要根据所收到的反馈数据（主要包括外部环境情况和自身的作业情况）对机器人的运动速度、位姿等状态实时进行调整，这些活动都依赖于感知系统。感知系统涵盖内部检测系统和外部监测系统两部分，前者可以实时采集控制系统所需要的运行数据，将这些数据与设定值进行比较，进而实现对机器人动作的调整；而后者主要监测机器人所处外部环境或物体是否存在干扰机器人运行的因素。

感知系统之于工业机器人，好比感觉器官之于人类。机器人（及其控制系统）通过内部传感器了解自身的运动状态、位置等情况，通过外部传感器了解外部环境变化及作用对象状态，例如喷涂区域、物料颜色、货物位置等。

机器人主要借助各类传感器和视觉系统来感知环境，广泛采集各项信息，因此，传感器和视觉系统是机器人感知系统的主要组成部分。现阶段，机器人中装配的传感器主要包括视觉传感器、听觉传感器、触觉传感器、力觉传感器、距离觉传感器和平衡觉传感器等多种类型的传感器。

由众多传感器组成的感知系统能够利用自身的感知功能来感知外部环境，并为机器人广泛采集外部环境信息，同时也能在此基础上集成机器人的位置、姿态、平衡、线速度、角速度、加速度、角加速度等各项内部状态信息，并对这些内部状态信息和外部环境信息进行整合和转化，为机器人理解和使用各项数据信息提供方便。从构成上来看，机器人的感知系统通常包含硬件部分和软件部分，其中硬件部分主要包括处理器、模数转换、信号调理电路及各类机器人专用传感器等设备，软件部分主要包括传感数据库、信息融合软件、传感器识别软件和传感器校准软件等各类相关应用。

传感器是一种能够感知周围环境或物体的化学、物理变化，并将这些变化信息转化为电信号的装置。感知器的基本组成部分包括感知元件（敏感元件）、转换元件、信号处理电路、输出接口、连接器等。

其中，敏感元件是传感器的核心，能够敏锐地感知环境中的温度、湿度、振幅等信息，并将这些物理量转换为非电物理量；常见的敏感元件有光敏元件、压电晶体、热敏电阻等。转化元件的作用是将敏感元件输出的非电物理量转换为可测量的电信号，例如电流、电压、电阻和频率等。信号处理电路则用于放大和处理所接收到的电信号，提高电信号的稳定性，以便于传输和进一步处理。

传感器工作流程如图 4-1 所示，即从敏感元件进行物理信息感知，到转化元件的电信号转换，再到基本转换电路（同信号处理电路）的电信号处理与传输。传感器最终输出的是符合具体工业系统要求的信号，从而为控制系统进行数据分析、处理与决策执行

图 4-1　传感器工作流程图

提供依据。

　　一般来说，任何一种传感器都具备被测信号与电量信号之间的转换功能，能够将被测信号转化为更易于被计算机识别和传输的电阻、电容和电感等电量信号；同时执行器也需要具备一定的信号转换能力，并利用自身的信号转换能力来完成从控制数字信号向电流信号、电压信号的转化工作。

　　当前，基于工业活动场景的实际应用需求，工业机器人需要对自身运行状态和外部作业环境的状态进行实时监测，因此其传感系统通常包含内部传感器和外部传感器两大类。内部传感器主要用于感知机器人的运动状态、姿态及位置等信息；外部传感器的应用较内部传感器更晚，它能够精准感知来自复杂的外部环境的一系列信息，也更为智能。

　　所有设计的工业机器人需要配置什么样的传感器，传感器需要达到怎样的标准，是影响工业机器人性能的重要因素。而对传感器的选择，应该从实际应用场景需求出发，充分考虑机器人作业任务、作业对象和使用环境等特点，尽可能减少外部因素对机器人活动产生的干扰。

4.1.2　机器人传感器的分类

　　传感器是工业领域实现智能化过程中的重要设备。就目前来看，行业内认为传感器是一种具有感知和检测目标对象的物理量和化学量，并对将其转化成电信号或其他所需形式的信息的检测装置。具体来说，传感器所检测的物理量主要包括光、温度、压力和磁性等信息，其检测的化学量主要包括浓度、纯度、湿度和pH值等信息。

　　一般来说，根据不同角度划分，工业机器人传感器主要包括以下几种类型，如图4-2所示。

图4-2　工业机器人传感器的主要类型

（1）根据输入物理量划分

① 压力传感器。压力传感器具有压力监视、压力测量、压力控制和压力强度数据转化等功能，能够检测气体和液体的压力强度并将其转化为易于机器人理解和应用的信息。

压力传感器可以按照供电方式划分为压电型传感器和压阻型传感器两种类型，其中压电型传感器能够在不通电的情况下自己产生电荷，并利用电荷检测装置来实现自主供电；而压阻型传感器不具备自主供电功能，需要利用外接电源进行被动供电。除此之外，压力传感器还可以按照测量精度划分为低精度压力传感器和高精度压力传感器两种类型。

② 位置传感器。位置传感器主要包括伺服马达、旋转编码器和线性编码器等设备，且大多装配在机器人的控制系统中，能够为机器人的运动控制提供支持。

一般来说，位置传感器可以分为连续式位置传感器和开关式位置传感器两种类型，其中，连续式位置传感器能够连续测量物位变化情况，实现连续控制、仓库管理、多点报警等功能；开关式位置传感器具有自动控制功能，能够通过点测的方式实现对门限、溢流和空转防止的自动控制，是当前广泛应用的一种传感器。

③ 位移传感器。位移传感器能够利用电气元件将机械的位移信息转化成更易于机器人使用的电阻信息或电压信息进行输出，且经过转化的信息通常与机械位移信息之间存在线性关系，因此位移传感器也被叫作线性传感器。

一般来说，位移传感器可分为电容式位移传感器、电感式位移传感器、光电式位移传感器、超声波式位移传感器和霍尔式位移传感器等多种类型。从作用原理上来看，位置传感器可以根据目标物体位移造成的电位器移动端电阻变化来明确位移量值，根据阻值的增减情况来确定目标物体的位移方向，并通过在电位器中通电的方式将电阻信息转化为电压信息输出。

④ 力敏传感器。力敏传感器具有力度检测功能，能够检测目标物体与机器人的机械臂之间的相互作用力，在机器人对目标物体的抓取过程中发挥重要作用。就目前来看，力敏传感器正在向低耗电、高精度和快速反应的方向发展，并逐渐被广泛应用在工业领域中，为工业领域实现自动化检测提供强有力的支持。

一般来说，力敏传感器可分为压电式力敏传感器、压阻式力敏传感器、电阻式力敏传感器、电容式力敏传感器和电感式力敏传感器等多种类型，各类力敏传感器均具备测力和承重的功能，但也存在不同之处，具体来说，压电式力敏传感器和压阻式力敏传感器能够将力直接转化为电量，而电阻式力敏传感器、电容式力敏传感器和电感式力敏传感器需要利用弹性敏感元件对力进行转化后才能再次将其转化为电量。

（2）根据工作原理划分

① 电阻式传感器。电阻式传感器主要由电位器式传感器、电阻应变式传感器和锰铜压组传感器等设备构成，其能够将压力、扭矩、位移和加速度等非电物理量转化为电阻值的变化。

不仅如此，电阻式传感器还能与测量电路相结合，构成测量仪表，进而实现测力、测压、测重、测位移、测扭矩、测加速度等功能，提高称重、过程检测和工业生产的自动化程度，并在冶金、电力、石化、交通、商业、国防和生物医学等多个领域中发挥作用。

② 电感式传感器。电感式传感器能够通过电磁感应的方式将目标物体的压力、位移、流量和振动等物理量信息转化为线圈的自感系数和互感系数的变化，并借助电路转换的方式对这些变化进行再次转化，进而达到最终输出电流变化或电压变化的目的，完成从非电量到电量的转化。

③ 电容式传感器。电容式传感器主要包括极距变化型电容式传感器、面积变化型电容式传感器和介质变化型电容式传感器，且全部配有可调节参数的电容器，能够将目标物体的压力和位移等机械量转化为电容量。

具体来说，极距变化型电容式传感器能够精准感知由微小的线位移、压力、力、振动等带来的极距变化；面积变化型电容式传感器能够精准感知由较大的线位移和角位移带来的面积变化；而介质变化型电容式传感器能够精准高效地测定各类介质的温度、密度和湿度等信息，并实现物位测量。

（3）根据输出信号模式划分

① 模拟式传感器。模拟式传感器所输出的模拟电压信号与其单位时间（分钟）内的转数成正比，且可以利用地磅称重仪表来将模拟电压信号转化为可视化的称重数字。从工作原理上看，在传统的模拟式传感器中，接线盒可以将来自多个模拟式传感器的信号整合成一路信号，以便相关仪表对其进行综合辨别，进而实现故障定位，但这种方式存在可靠性较低的不足之处，难以满足当前机器人在故障定位方面的需求。

② 数字式传感器。数字式传感器可分为数字转速传感器、数字称重传感器等多种类型。

数字转速传感器能够以数字量的形式输出单位时间（分钟）内的转数，并在内置芯片中对将模拟量的输入信号转化为相应的数字量输出的过程进行集中存储，并利用数字仪表进行显示。

数字称重传感器中配备了微处理器，能够通过在线检测和智能处理等方式实现对自身情况的精准判断，进而充分确保机器人称重系统的可靠性。除此之外，数字式传感器还能有效解决大皮重小量程等问题。

（4）根据能量转换原理划分

① 有源传感器。有源传感器可分为电动式传感器、电荷式传感器、压电式传感器、热电式传感器和磁电式传感器等多种类型。其中，电动式传感器和电荷式传感器等能够将非电量转化成电能量，而压电式传感器、热电式传感器和磁电式传感器等通常需要与电压测量电路和放大器共同作用。有源器件是一种需要从外部获取能量的器件，且通常是输入信号的一个函数，具有一个输出。

② 无源传感器。无源传感器不具备直接转换能量形式的功能，只能将处于固态、气态或液态情况下的某一对象或过程的特定的物理性质的特性或化学性质的特性转换为

数量，以便利用各种不同的方式对该对象或过程的特性进行检测。从工作原理上看，无源传感器可以先把对象特性或状态参数转化为能够进行检测的电学量，再对其进行分离处理，并将分离出的电信号输送到传感器系统汇总评测。

4.1.3　感知系统的性能指标

（1）灵敏度

工业机器人的感知系统需要具备一定的灵敏度。具体来说，灵敏度就是在传感器的输出信号较为稳定的情况下输出信号变化与输入信号变化之间的比值。

当传感器的输出信号变化和输入信号变化之间存在线性关系时，灵敏度可用以下公式计算：

$$s = \frac{\Delta y}{\Delta x}$$

式中，s 为灵敏度；Δy 表示传感器输出信号的增量；Δx 表示传感器输入信号的增量。

当传感器的输出信号变化和输入信号变化之间为非线性关系时，工业机器人感知系统的灵敏度则为该公式所对应的曲线的导数。当传感器所输出的量纲与其输入的量纲相同时，传感器的灵敏度将会被成倍放大，同时传感器所输出信号的精度和线性程度也将得到大幅提高，但高灵敏度也可能会造成传感器输出信号不稳定的问题，因此工业领域需要为工业机器人装配灵敏度符合实际情况的传感器。

（2）线性度

工业机器人的感知系统需要具备一定的线性度。具体来说，线性度能够体现出传感器的输出信号与输入信号之间的线性关系。

当传感器的输出信号和输入信号分别为 y 和 x 时，二者之间的线性关系可以用以下公式来表示：

$$y = kx$$

当该公式中的 k 为常数时，传感器将会具有较高的线性度；当该公式中的 k 是一个变量时，传感器的线性度则会较低。对机器人来说，线性度较高的传感器更有利于其运动和工作，因此工业领域需要为工业机器人配备具有较高线性度的传感器。一般来说，传感器的输出信号和输入信号之间通常为非线性关系，且 k 通常为输入信号 x 的函数，k 与 x 之间的关系大多满足以下公式：

$$b = f(x) = a_0 + a_1 x_1 + a_2 x_2 + \cdots + a_n x_n$$

在该公式中，当传感器的输入信号变化较小，且 a_0 远大于从 a_1 到 a_n 中的任意一个数值时，k 的值都可以取为 a_0，此时，传感器的输出信号和输入信号之间的关系可看作线性关系。一般来说，工业机器人可以借助割线法、最小误差法和最小二乘法等多种方式来建立传感器输出信号与输入信号之间的线性关系。

（3）测量范围

需要明确传感器的测量范围。具体来说，测量范围就是传感器在开展测量工作时的最大允许值与最小允许值之间的差值，通常涉及机器人所有与测量相关的工作。当传感器的测量范围不足时，机器人则需要利用其他转换装置来完成测量工作，但这样做可能会导致传感器的测量准确性降低。

（4）精度

需要提高传感器的测量精度。具体来说，精度就是传感器所输出的测量结果与被测量物体的实际数据之间的误差。在实际应用中，工业领域需要从各项工作在精度方面的要求出发，为工业机器人感知系统选择符合其对精度要求的传感器。

从使用条件方面来看，温度、湿度、加速度、运动速度和处于适当范围内的各种负载作用等所有可能会影响机器人工作的因素，都是工业领域在设计传感器精度时需要深入考虑的工作条件；从测量方法方面来看，工业领域在测量传感器精度时，需要使用在精度方面的等级高于传感器的测量工具，并充分考虑各项可能会影响传感器精度测试结果的工作条件。

（5）重复性

在利用传感器输入信号时，通常具有一定的重复性。具体来说，重复性就是传感器反复多次使用同样的方式对被测物体进行全量程测量时，所出现的测量结果的变化程度。一般来说，当反复多次测试所得出的各个测试结果之间的变化程度较小时，传感器的测量精度往往比较高，而重复性也更好。

对部分传感器来说，在测量精度不高的情况下也可能会具备较好的重复性指标，当传感器所测量的温度、湿度和受力条件等各项相关因素没有发生变化时，传感器的测量结果通常也不会出现巨变。

从使用条件和测试方法上来看，这两项条件也是可能会影响传感器重复性的重要因素，而传感器的重复性对机器人来说具有不可忽视的作用，尤其是对于示教再现型机器人来说，传感器的重复性能够直接影响其再现示教轨迹时的准确性。

（6）分辨率

在使用传感器进行测量时，需要明确传感器的分辨率。具体来说，分辨率就是传感器在测量范围内测量目标物体时的最小变化量，或能够测量的不同目标物体的数量。

一般来说，当传感器的分辨率较高时，最小变化量往往较小，传感器能够测量的目标物体数量就更多。传感器的分辨率决定了机器人的可控程度和控制品质，因此各类机器人在传感器的分辨率方面都应从自身的工作任务出发，明确最低限度要求。

（7）响应时间

应缩短工业机器人传感器的响应时间。具体来说，响应时间就是传感器的输出信号随输入信号的变化而变化并逐渐趋于稳定所花费的时间。对部分传感器来说，当输出信号即将趋于稳定时，可能会出现振荡的问题，进而影响机器人的控制系统，导致机器人的控制精度和工作精度被降低。

一般来说，在响应时间较短的传感器中出现这类问题的可能性较小，由此可见，对机器人来说，传感器的响应时间越短，其控制精度和工作精度就越高。从计算方式上来看，输入信号开始变化的时间点就是开始计算的时间点，输出信号进入稳定值范围且开始在该范围内变化的时间点就是停止计时的时间点。除此之外，在机器人的系统设计中，还应明确响应时间的容许范围。

（8）抗干扰能力

需要确保工业机器人传感器具有较强的抗干扰能力。具体来说，抗干扰能力是一项能够反映传感器在单位时间内出现故障的概率的统计指标。机器人的工作环境具有多样性的特点，且部分机器人需要在极端恶劣的环境中工作，影响传感器输出信号的稳定性的因素较多，因此机器人应充分确保可靠性，增强传感器的抗干扰能力，避免因传感器受到干扰造成故障。

综上所述，实际工况、检测精度、控制精度等相关要求都是在选用工业机器人传感器时需要深入考虑的重要因素，除此之外，为了充分确保传感器的各项性能指标能够满足机器人实际工作中的各项要求，还需综合考虑重复性、稳定性、可靠性和抗干扰性等诸多因素。

4.2　工业机器人内部传感器

工业机器人内部传感器主要用于测量机器人自身的多种状态参数，其中包括角速度、加速度等运动量，各个关节在运动过程中产生的角位移、线位移等几何量，和电动机扭矩、电动执行器电流、机械臂所施加压力等物理量，并完成电信号转换与反馈。内部传感器在反馈控制中发挥着重要作用，是控制系统控制和调整机器人行为的基础。

工业机器人内部传感器大致可分为位置传感器、速度传感器、加速度传感器、扭矩传感器等。

4.2.1　位置传感器

位置传感器主要用于检测机器人各个关节的位置和姿态，包括关节角度、线性位移距离等物理量，并提供实时的空间位置反馈。在选择位置传感器时，要考虑机器人完成作业任务需要的运动范围、定位精度、重复定位精度等参数要求。

（1）电位器式传感器

电位器式传感器是实现位置反馈控制所需的重要元件，它的主要作用是测量机器人关节的角位移和线位移，通过电位器将机械运动产生的角位移或直线位移输入量转化为电阻或电压等模拟信号，所输出的模拟信号可以通过模数转换器（analog-to-digital converter，ADC）转换为数字信号，以便控制系统进一步分析处理。电位器通常是一个直线形或螺旋形的电阻器。电位器式传感器结构如图4-3所示。

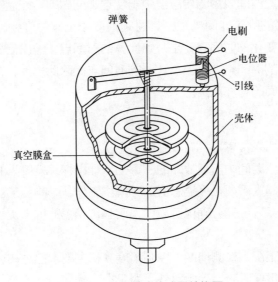

图4-3　电位器式传感器结构图

① 直线式电位器。直线式电位器的结构中包含了电阻元件（滑线电阻）、滑动接触点、测量轴等组成部分，当机器运动或受到外部力的作用时，测量轴就会发生位移，滑动接触点也会随之移动，而滑动接触点位置的变化带来了电阻值的改变。而根据电阻值的变化可以确定滑动接触点的位置，以此推断出机器人关节的位置或位移量。

② 旋转式电位器。旋转式电位器又分为单圈电位器和多圈电位器，在一定条件下，多圈电位器比单圈电位器有着更大的测量范围和分辨率。单圈旋转式电位器的电阻元件呈圆弧形，滑动接触点在电阻元件上做圆周运动。当机器人运动或位移时，会带动滑动接触点旋转，所旋转的角度与电阻值、输出电压值变化具有相关性，由此可以计算出机器人的运动情况。

电位器式传感器的工作原理简单可靠，且使用方便、性能稳定，由于电位器的滑动接触点是由物理作用力驱动的，因此不受电源影响，即使突然断电也能够保留原有的位置信息，能够适用于许多应用领域。但电位器式传感器的使用也会受到限制，电位器的机械接触和摩擦可能导致磨损，从而缩短电位器使用寿命。随着技术的进步，工业机器人领域应用的电位器式传感器逐渐被光电编码器取代。

（2）光电编码器

光电编码器是一种利用光电效应和编码器原理来测量旋转角度或线性位置变化的设备，它可以将检测到的机械运动情况转换并输出为模拟信号或数字脉冲信号，而根据位置变化数据，能够进一步算出加速度、速度和方向等数据信息。

光电编码器属于一种非接触式传感器，它具有分辨率高、响应速度快、精确度高、抗干扰能力强等优点，在工业机器人领域中应用广泛。光电编码器通常由光电检测装置（包括光源和光敏元件等）、检测光栅和编码盘等零部件构成，其结构如图4-4所示。

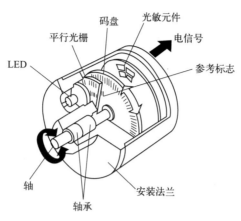

图4-4　光电编码器结构图

　　编码盘是一种具有透明或不透明纹理的圆盘，这些纹理相互交替形成光学信号的脉冲序列。编码盘可以固定在旋转轴或线性轴上，用于测量角度（角位移）或线性位置。根据编码盘上透明或不透明区域的分布情况，可以将光电编码器细分为相对式和绝对式。

　　① 相对式光电编码器。相对式光电编码器也称为"增量式光电编码器"，通常用于对旋转运动的测量场景。其圆形编码盘上明暗相间的条纹（透光与遮光区域）均匀地分布在编码盘边缘，据此不仅可以知道编码盘旋转的角度大小，还可以了解到编码盘运动的方向。

　　光源及光敏元件则分别位于编码盘平面两侧，编码盘随转轴同步转动时，来自光源的光束被编码盘上的纹理遮挡或透过，从而产生光线的明暗变化，而光电传感器通过光敏元件接收透过编码盘的光束，将其转化为电脉冲输出信号，计数器对该脉冲信号进行计数，从而计算出编码盘的角位移量。通过计算一定时间内光电编码器输出的脉冲信号数，可以知道电动机的转速。同时，通过光电编码器提供的相位相差90°的方波脉冲信号（通常用A、B等字母表示），可以计算出编码器的旋转方向。

　　② 绝对式光电编码器。绝对式光电编码器的码形直接给出了长度或角度位置，可以有多种固定形式。通常，在编码盘上沿径向分布着若干同心圆，即"码道"，每个码道分别对应一个光敏元件，如果编码盘上的透光区和遮光区分别对应二进制中的1和0，则可以依次读出各个码道上的二进制数。

　　绝对式光电编码器测量的是运动的绝对位置而非相对位置，当转轴带动编码盘旋转时，在转轴的任意位置都可以读出与之对应的数字码，这一测量方式可以消除相对位置误差，同时避免累积误差，不易产生错码现象，且切断电源后不会丢失位置信息。

　　（3）旋转变压器

　　旋转变压器是电机控制中常用的一种位置传感器，主要通过检测电机的角位移来获得机器人部件的旋转角度。旋转变压器类似于一个小型电机，主要由定子与转子构成，转子一般安装在电机的转轴上，其运动状态与电机旋转同步，其结构如图4-5所示。

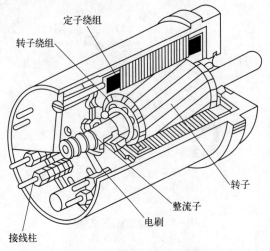

图4-5　旋转变压器结构图

这一过程中，定子线圈（定子绕组）所感应到的电动势大小与转子转角形成一定的函数关系，由此可以计算出转子位置和转速。而旋转变压器的转子是与机器人的关节轴连接的，因此根据定子线圈感应到的电动势相位可以确定关节轴的角位移情况。与光电编码器、旋转编码器相比，旋转变压器的应用性更强，它能够适应高温、潮湿、高速、强电磁干扰、高振动等场合，且使用方便，因此在伺服控制系统、机器人系统、电动汽车等领域有广泛应用。

4.2.2　速度传感器

在自动化生产线等工业细分领域，速度传感器的应用极其广泛，对产品质量的控制以及生产安全的保障具有十分重要的意义。速度传感器，也称为速度探测器或速度测量装置，是一种能够测量机械运动速度的传感器。

速度传感器对于运动速度的探测，主要是通过测量相关对象在一定时间内的运动距离来进行速度的换算。根据工作原理的不同，速度传感器可以分为如表4-1所示的几种。

表4-1　速度传感器的主要类型

主要类型	具体内容
电容式速度传感器	即应用电容效应，通过检测对象在一定时间内的运动导致的电容变化来测量其运动速度
电磁感应式速度传感器	即应用电磁感应，通过检测对象在一定时间内的运动导致的磁场变化以及产生的电动势来测量其运动速度
霍尔式速度传感器	即应用霍尔效应，通过使用霍尔元件测量对象在一定时间内的运动导致的磁场强度的变化来测量其运动速度

根据测量原理以及使用条件的不同，速度传感器则可以进行如下分类：

（1）接触式速度传感器

接触式速度传感器指的是通过物体之间的摩擦或接触测量速度的传感器。接触式速度传感器一般由信号测量装置和接触组件共同组成，其工作原理为：当机器人进行运动时，处于运动状态的部件便与接触组件产生接触，并且二者接触过程的信号会实时发送给信号测量装置，继而由信号测量装置计算出相应的速度。

（2）非接触式速度传感器

非接触式速度传感器指的是通过光、电、磁等信号而非物体之间的摩擦或接触进行速度测量的传感器。由于测量装置所使用的信号有所不同，因此非接触式速度传感器也可以分为不同的类型，如表4-2所示。

表4-2 非接触式速度传感器的类型

主要类型	具体内容
声波式速度传感器	以声波作为测量信号、基于声波的特性进行速度测量的传感器
磁感应式速度传感器	以磁场作为测量信号、基于磁场的变化进行速度测量的传感器

除以上提到的速度传感器外，还有一些能够应用于特定场景中的速度传感器，比如，针对行驶中的车辆，可以使用通过测量轮胎旋转频率进行测速的车轮速度传感器或通过GPS（全球定位系统）信号进行测速的GPS速度传感器。使用合适的速度传感器，不仅能够提高应用效率，而且可以有效提升运行的安全性。

4.2.3 加速度传感器

机器人运行时，其运动速度的加快也会带来振动问题。为了解决这一问题，我们通常在机械臂上安装加速度传感器，将所测量到的振动加速度数据反馈到控制系统中，系统据此判断机器人的运行情况。常用的加速度传感器主要包括4种类型，如图4-6所示。

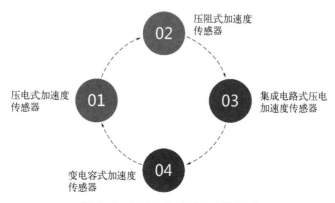

图4-6 加速度传感器的4种类型

（1）压电式加速度传感器

压电式加速度传感器是基于电介质压电效应原理发挥作用的，在构造上则是利用弹簧质量系统原理。当传感器的敏感芯体质量受到来自振动加速度的作用力时，具有特殊电荷分布的压电材料会产生应变，进而产生电荷信号。这个电荷信号可以通过电路放大、处理，最终转换为可识别的加速度数据。

压电式加速度传感器是目前使用最广泛的振动测量传感器，它具有频率范围宽、动态范围大、受外界干扰小、不依赖外部电源等优点。虽然该传感器的结构比较简单，但受到材料特性、加工工艺的影响，其产品性能参数、稳定性、一致性的差别较大，使用者需要从应用需求、成本等方面综合考虑。

（2）压阻式加速度传感器

压阻式加速度传感器的结构动态模型与弹簧质量系统类似，其敏感芯体为半导体材料制成的电阻测量电桥，该元件具有很强的灵活性，能够满足多样化的测量要求。其优点在于采用了超小型化设计，占用空间小、功能损耗小，且测量频率范围有所扩展。但该传感器在使用上也有局限性，其使用范围不及压电式加速度传感器，在一定条件下温度误差较大，需要进行温度补偿或在恒温条件下使用。另一方面，由于特殊敏感芯体有着较高的制造工艺要求，这使得压阻式加速度传感器的成本往往要高于压电式加速度传感器。

（3）集成电路式压电加速度传感器

集成电路式压电加速度传感器是在微电子学技术的基础上发展而来，其应用优势如表4-3所示。

表4-3 集成电路式压电加速度传感器的优势

序号	应用优势
1	由于内部加装了微电子信号适调电路，因此集成电路式压电加速度传感器输出信号大且阻抗低，不易受到各种环境因素以及干扰信号的影响
2	两根塑料皮绞合线与一根双线电缆联合使用，承担传输信号和供电的双重功能，而且当电缆延长后传感器的灵敏度能够保持稳定
3	适用于远距离测量场景以及复杂的工程现场等，性能稳定，构造简单，使用方便

（4）变电容式加速度传感器

变电容式加速度传感器是一种基于电容效应的加速度传感器。其具有多方面的优势，不仅具有较高的线性度和灵敏度，而且稳定性高，不易受到环境波动的影响。

综上，在选择加速度传感器时，应该基于具体的应用场景，综合考量横向灵敏度、安装共振频率、相频响应、幅频响应等各项能够反映加速度传感器性能的参数。

4.2.4 扭矩传感器

扭矩传感器，也称为扭力传感器、力矩传感器、转矩传感器、扭矩仪等，通过将物体扭转或转动的物理变化转换为可检测的电信号，可以测量对象的扭转力矩。根据应用原理的不同，扭矩传感器主要包括如图4-7所示的几种类型。

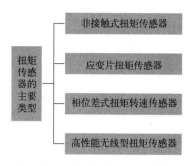

图4-7 扭矩传感器的主要类型

（1）非接触式扭矩传感器

扭矩传感器可分为静态和动态两种，其中，动态扭矩传感器即非接触式扭矩传感器，其工作原理为：传感器的输入轴上配置有花键，对应的输出轴上则配置有键槽，输入轴与输出轴二者通过扭杆进行连接；在外力的作用下，转动力矩会使得扭杆被扭转，而此时花键与键槽也会被带动发生位置变化，这个相对位移改变量即为扭杆的扭转量；在整个过程中，花键对应的磁感强度会发生改变，并在线圈的作用下呈现为可供测量的电信号。

非接触式扭矩传感器是一种应用较为广泛的力矩传感器，具有延时短、可靠性高、寿命长等明显的优势。

（2）应变片扭矩传感器

应变片扭矩传感器是在应变电测技术的基础上发展而来，其工作原理为：将应变计安装于弹性轴之上，组成测量电桥；在外力的作用下，弹性轴的形状会发生改变，对应测量电桥的电阻值也会发生改变；通过测量电信号的前后变化，便能够获得相应的扭矩。

应变片扭矩传感器具有造价低、可测量范围大、误差小、分辨力高等优势，因此在工业领域应用也较为广泛。

（3）相位差式扭矩转速传感器

相位差式扭矩转速传感器是依据磁电相位差式扭矩测量技术研制的扭矩传感器，其工作原理为：在两组安装角、形状、齿数等均一致的齿轮外侧安装接近觉传感器，并将齿轮分别安装于传感器弹性轴的两端；在外力的作用下，弹性轴会产生旋转，齿轮外侧的传感器对应的电信号也发生变化，由此便能够计算出对应的扭矩。

虽然相位差式扭矩转速传感器能够实现扭矩信号的非接触传递，但由于其构造较为复杂、传感器的体积较大，而且性能不够稳定，因此适用的场景较为有限。

（4）高性能无线型扭矩传感器

通过将无线通信技术应用到扭矩传感器中，高性能无线型扭矩传感器可以使得数据进行无线传输。其工作原理为：在外力的作用下，产生扭矩电信号；单片机将接收到的扭矩电信号进行放大、A/D 转换等处理；处理得到的数据经过编码器转换为数字量编码，并传输至发射模块；发射模块将数据传输至接收模块，经过解码器的解码，数据被传送至单片机；最后，扭矩数据值在 LED 中进行呈现。

由于工业机器人的构造复杂，因此其在执行操作时会带动多个部件同时运作，为了抵抗额外信号的干扰，高性能无线型扭矩传感器采取了对应的抗干扰措施，因此其不仅具有比较高的可靠性，也具有较为理想的抗干扰能力，应用前景广阔。

4.3 工业机器人外部传感器

工业机器人外部传感器是用于检测机器人周边环境和目标状况的重要工具，能够为机器人与外部环境的交互提供支持，并帮助机器人快速适应环境，完成自我矫正。一般来说，机器人的外部传感器主要包括听觉传感器、视觉传感器、力觉传感器、触觉传感器、距离传感器、接近觉传感器、角度觉（平衡觉）传感器等多种与人类感官相对应的传感器，这些传感器的应用能够有效促进工业机器人的发展和升级。

工业机器人外部传感器能够帮助机器人掌握周边环境信息、目标物状态信息和目标物特征信息，为机器人与周边环境的交互提供支持，提高机器人的自矫正能力和自适应能力以及抓取目标物体的效率和精准度。

具体来说，工业机器人外部传感器可以按照机器人与被测对象的接触情况分为接触传感器和非接触传感器两类，其中接触传感器主要通过接触被测对象的方式采集信息，非接触传感器可以在不接触被测对象的情况下获取被测对象的相关信息。

工业领域还会用到力觉传感器、触觉传感器、接近觉传感器、视觉传感器等常用传感器和能够感知温度、湿度、压力、滑动量、化学性质等信息的传感器。传感器主要类型、工作原理及应用场景如表 4-4 所示。

表4-4　传感器主要类型、工作原理及应用场景

传感器种类		工作原理	应用场景
接近觉传感器		指机器人手接近对象物体的距离为几毫米到十几厘米时，就检测到与对象物体的表面距离、斜度和表面状态的传感器	一般安装在工业机器人末端执行器上，在焊接机器人中可以用来探测焊缝
触觉传感器	接触觉传感器	用于判断机器人部件是否与对象物体发生接触，以解决机器人运动的正确性，实现合理把握运动方向或防止发生碰撞等问题	一般安装在工业机器人的运动部件或末端执行器上
	滑觉传感器	主要用于检测物体接触面之间相对运动的大小和方向，判断是否握住物体及应该用多大的夹紧力等。机器人的握力应满足物体既不产生滑动而握力又为最小临界握力	用于检测机器人与抓握对象间滑移程度等
力觉传感器		可感知机器人的指、肢和关节等运动中所受的力，用于感知夹持物体的状态，校对由于手臂变形引起的运动误差，保护机器人及零件不会损坏	应用于机器人手臂末端、机器人力觉检测设备

续表

传感器种类	工作原理	应用场景
视觉传感器	将景物的光信号转换成电信号的器件，主要是指利用照相机对目标图像信息进行收集与处理，然后计算出目标图像的特征，如位置、数量、形状等，并将数据和判断结果输出到传感器中	主要用于检测方面，包括用于提高生产效率、控制生产过程中的产品质量、采集产品数据等

4.3.1 接近觉传感器

接近觉传感器是一种在机器人靠近被测对象时自动获取被检测物体信息的非接触式传感器，通常装配在工业机器人的末端执行器中，能够在目标物体进入检测范围时帮助机器人自动锁定目标物体，并判断出目标物体的斜度和表面状态，测量出机器人手与目标物体之间的表面距离。

一般来说，各类接近觉传感器常用于电话、回收站、装配线、防空系统和自动驾驶汽车等应用场景中，且不同的接近觉传感器通常采用不同方式来完成检测工作，如光线、声音、电磁场、红外线等。下面简单介绍几种目前比较常用的接近觉传感器。

（1）电磁式接近觉传感器

电磁式接近觉传感器是指利用电磁场来完成目标检测工作的接近觉传感器。电磁式接近觉传感器能够用金属靶进入电磁场时造成的磁场变化和金属感应程度来实现对金属材质的目标物体的精准检测。其基本结构如图4-8所示。

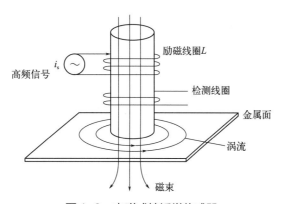

图4-8 电磁式接近觉传感器

工业机器人的工作对象大多为金属部件，因此电磁式接近觉传感器常被应用于工业领域，为工业生产提供方便。例如，电磁式接近觉传感器在焊接机器人中的应用能够实现对焊缝的精准探测。

（2）电容式接近觉传感器

电容式接近觉传感器是指利用电容来完成目标检测工作的接近觉传感器。电容式接近觉传感器能够通过将电容接入电桥电路或RC振荡电路的方式，感知自身与被接近物的电容极板之间的电容变化，并根据电容变化情况检测出自身与被接近物之间的距离，其基本原理如图4-9所示。

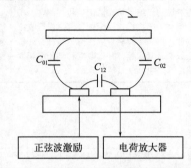

图4-9　电容式接近觉传感器的基本原理

电容式接近觉传感器具有实时性强，以及对被检测物体的颜色、材质、状态和构造等特征的接受范围广等优势，无论被检测物体是液态还是固态，是金属还是塑料、木材或玻璃，电容式接近觉传感器都能快速精准检测出被检测物体与自身之间的距离。

（3）光电接近觉传感器

光电接近觉传感器主要由发射器和接收器两部分构成，能够在光学编码器等多种应用场景中发挥作用，具体来说，光电接近觉传感器中的发射器是一种既可以处于内部也可以处于外部的发光二极管，具有发射光源的作用；而接收器是用于感知光线的光敏晶体管。当传感器检测目标物体时，接收器只能接收发射器靠近目标物体时所发出的光和处于传感器作用范围内的物体所反射的光，且只有在这种情况下才能产生信号。光电接近觉传感器的工作原理如图4-10所示。

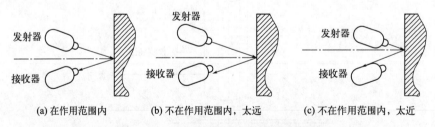

(a) 在作用范围内　　　(b) 不在作用范围内，太远　　　(c) 不在作用范围内，太近

图4-10　光电接近觉传感器的工作原理

光电接近觉传感器具有维修方便、无须接触、响应速度快、测量精度高等优势，同时也存在信号处理难度高、使用环境限制多等不足之处。一般来说，光电接近觉传感器可按照需要接收的光的类型分为反射型光电接近觉传感器和对射型光电接近觉传感器。其中，能够接收有反射光的传感器为反射型光电接近觉传感器，这种传感器能够利用反射光实现对目标物体的检测；能够接收对射光的传感器为对射型光电接近觉传感器，这种传感器即便在目标物体断开光束的情况下也能实现对目标物体的检测。

除此之外，接近觉传感器还包括磁性接近觉传感器和超声波接近觉传感器等多种类型。其中磁性接近觉传感器能够在对永磁体的检测工作中发挥重要作用，而超声波接近觉传感器能够通过发出高音调的声音，并分析声音回传时间的方式来检测自身与目标物体之间的距离。

4.3.2 触觉传感器

触觉信息包含力觉信息、表面温度信息等多种信息，能够反映出温度、尺寸、柔软度、表面纹理和表面形状等多项物体实际特性，为人们全方位了解目标物体提供帮助。随着机器人的智能化水平不断提高，机器人触觉传感技术也飞速发展，机器人可借助自身配备的触觉传感器实现热觉、接触觉和滑动觉等多种感知功能，并与外部环境进行有效交互。

工业机器人可以借助触觉传感器来感知接触、冲击和压迫等多种机械刺激，并在接触目标物体时获取目标物体的形状信息、柔软度信息等各项物理性质相关信息，从而全方位掌握目标物体的表面特征和物理性能。

触觉传感器在工业机器人中的应用能够帮助机器人通过机械手与目标物体的接触来获取各项触觉信息，以便在了解目标物体的各项特性的前提下更好地执行工作任务。具体来说，机器人可以利用触觉信息来识别和定位目标物体，并据此来确定机械手抓取目标物体时力的大小。

触觉传感器在机器人领域的应用是机器人实现外界感知过程中的重要环节。近年来，微电子技术飞速发展，有机材料的多样性日益提高，相关研究人员在此基础上制定了多种触觉传感器研究方案，并积极推进相关实验，但目前实现产品化的实验结果较少，还需要进一步深化研究。

从功能上来看，触觉传感器包括接触觉传感器和滑觉传感器等多种类型。

（1）接触觉传感器

装配在工业机器人的末端执行器或运动部件中的接触觉传感器能够通过采集和分析机器人与目标物体的接触情况相关信息来指导机器人的运动方向、运动距离和运动速度，帮助机器人避免碰撞等问题，同时也能获取目标物体的各项特征信息，帮助机器人了解目标物体。

接触觉传感器主要包含弹簧和触头两部分，其中触头是其采集外部信息的关键，能够通过离开基板接触外部目标物体的方式来切断信号，并帮助机器人据此判断是否接触到目标物体。由此可见，接触觉传感器是一种微动开关，具有结构简单、使用便捷等优势，同时存在触头易氧化等不足之处，也有机械振荡的风险。

一般来说，接触觉传感器可分为导电橡胶式、含碳海绵式、碳素纤维式和气动复位式等多种类型，如图4-11所示。各类接触觉传感器根据次序的不同做出不同的反应，并通过与目标物体接触的方式帮助机器人中的控制器获取物体形状信息和物体尺寸信息。

① 导电橡胶式。导电橡胶式触觉传感器所使用的敏感元件为导电橡胶材质，且受到压迫时，电阻会发生变化，触觉传感器可以根据受电阻变化而改变的电流来判断来自外部物体的压力。导电橡胶式触觉传感器具有柔性化的优势，但同时也存在易漂移、材

图4-11　接触觉传感器的主要类型

料配方难统一、滞后特性不一致等不足之处。

　　② 含碳海绵式。含碳海绵式触觉传感器是一种压力觉传感器，具有弹性强、便捷度高、结构简单等优势，但同时也存在恢复能力弱、测量结果受碳素分布情况影响大等不足之处。

　　③ 碳素纤维式。碳素纤维式触觉传感器可以根据碳素纤维与外部物体接触时受压引起的电流来判断来自外部物体的压力，具有柔性化、装配位置方便使用等优势，但也存在滞后性较强的缺陷。

　　④ 气动复位式。气动复位式触觉传感器的表面为柔性绝缘材料，能够根据所受压力变换形状，并在压力消失时借助空气恢复到原本的位置和形状，当传感器接触到外部物体时，传感器内部的铍铜箔就会连接触点并通电，机器人可以根据电流来了解外部物体信息。气动复位式触觉传感器在工作过程中需要压缩空气源，但也具有柔性强、可靠性强等诸多优势。

（2）滑觉传感器

　　滑觉传感器主要包括球式滑觉传感器、滚动式滑觉传感器和振动检测式滑觉传感器三种类型，这些滑觉传感器能够通过与被测物体的接触来获取二者之间的相对运动大小和方向等信息，并为机器人精准分析抓握被测物体所需的力度提供支持。一般来说，机器人的抓握力度需要处于最小临界握力和滑动握力之间。

　　从本质上来看，滑觉传感器是一种能够检测物体在受到来自机器人的抓握或搬运时的滑移情况的位移传感器。其中，部分滑觉传感器具有滑动方向检测功能，因此滑觉传感器还可以按照该功能进一步划分成以下三种类型，如图4-12所示。

图4-12　滑觉传感器的三种类型

① 无方向性滑觉传感器。这种传感器中包含蓝宝石探针、橡胶缓冲器、金属缓冲器和压电罗谢尔盐晶体等多个组成部分，能够在目标物体滑动时利用罗谢尔盐将探针振动产生的信息转化为电信号，并利用缓冲器来降低噪声分贝。

② 单方向性滑觉传感器。这种传感器中包含滚筒、码盘和光敏二极管等多个组成部分，能够在目标物体滑动时借助光敏二极管来接收滚筒转动带来的光信号，并利用滚筒的转角信号来实现对物体滑动情况的精准判断。

③ 全方向性滑觉传感器。这种传感器中具有被绝缘材料包裹的金属球，且各个金属球按照经纬分布在导电区和不导电区。全方向性滑觉传感器对制作工艺有着较高的要求，工艺优良的传感器能够在物体滑动时根据金属球转动造成的通断信号来检测出物体的滑移方向和滑移距离。

4.3.3 力觉传感器

力觉传感器能够感知机器人的指、肢、关节等部位在运动过程中的受力情况，精准掌握夹持物体的力度，调整机械手臂变形造成的运动偏差，充分确保机器人和各项零部件完好无损。装配在机器人的手臂或手腕处的力觉传感器能够对机器人机械手的力进行有效控制，并高效完成镶嵌等具有限制性和协调性方面要求的工作，在工业领域的装配等工作中发挥着重要作用。

装配在工业机器人的弹性结构中的力觉传感器元件通常包含半导体应变片，能够借助检测或计算的方式实现对多维的力和力矩的准确判断，不仅如此，力觉传感器元件中的各项检测部件之间还存在互相垂直的关系，半导体应变片通常位于与部件中心线对称处，因此能够有效避免各个不同方向的力之间的干扰，进而为信息处理和机器人控制等工作提供方便。

一般来说，工业机器人中装配的力觉传感器主要包括指力传感器、关节力传感器和腕力传感器三种类型，如图4-13所示。

图4-13 力觉传感器的三种类型

（1）指力传感器

指力传感器是一种用于检测夹持物体的手指的受力情况的专用力觉传感器，通常装配在机器人的手指关节处，具有重量轻、尺寸小、结构小巧、测量范围小等特点。

机器人中装配的力觉传感器通常借助位于机器人手指根处的半导体应变片来实现对

机器人手指握力的精准检测和有效控制。与此同时，指力传感器还可以利用PID算法来处理各项相关信息，以便最大限度减小手指与物体接触时的冲击力，充分确保机器人加持物体的稳定性，进而实现对微小握力的精准控制。

具体来说，PID算法是一种集比例（proportional）、积分（integral）和微分（differential）为一体的控制算法，其在机器人领域中的应用能够帮助机器人完成软接触等多种动作。

机器人中的指力传感器通常利用螺旋弹簧的形变量来实现对指力的精准计算。具体来说，机器人中装配的脉冲马达可以借助螺旋弹簧来为手指部分提供驱动力，同时装配在手指处的指力传感器可以检测出螺旋弹簧的转角和脉冲马达转角的差值，这个差值就是螺旋弹簧的形变量，能够为计算机器人手指产生的力提供支持，同时机器人中的半导体应变片也可以精准控制手指的加持力度，为其完成各项搬运工作以及精密镶嵌等控制工作提供方便。

（2）关节力传感器

关节力传感器是一种用于检测和反馈控制过程中驱动器所输出的力和力矩的力觉传感器，能够检测动态扭矩值、静态扭矩值、连续扭矩值和非连续扭矩值等相关数据，在工业领域发挥着十分重要的作用。

（3）腕力传感器

腕力传感器是一种用于检测作用在机器人末端执行器上的各向力和力矩的力觉传感器，能够为机器人完成各类接触性作业提供保障。

总而言之，机器人中装配的力觉传感器可以通过计算和直接检测的方式来明确力和力矩，同时也可以根据驱动电机的电流值、粉状离合体的电流值及驱动流体的压力值等相关数据实现对力和力矩的间接检测和控制。

4.3.4　视觉传感器

（1）工业机器人视觉系统的组成

视觉系统可以利用机器视觉传感器广泛采集图像信息，明确图像中呈现出的亮度、原色和像素分布等信息，并将这些信息传输到全处理单元中进行数字化处理，进而确定图像中的目标物体的尺寸、形状和颜色等具体信息，以便根据目标物体的实际情况来对各项现场设备的动作进行有效控制。

例如，汽车整车尺寸机器视觉测量系统中包含计算机、显示器、照明系统、通信单元、图像采集卡、视觉传感器和图像处理软件等多个组成部分，能够采集和处理各项图像信息，为汽车的稳定运行提供支持。

不同的工业机器人视觉系统通常有不同的应用场景和应用需求，具体来说，大多数视觉系统都包含以下三项内容：

• 对被测物体进行光源照射，借助光学成像系统来获取视频图像信息，并利用相机和图像采集卡等设备对视频图像进行数字化处理；

· 利用图像处理软件处理图像，并从中采集有价值的数据信息；

· 利用经过处理的图像信息来检测和明确目标物体的各项相关信息，并在此基础上生成和传输控制指令。

从构成设备上来看，工业机器人中装配了计算机、摄像机、光源控制、视觉传感器、安全传感器、听觉传感器、图像处理机等多种设备。

（2）工业机器人视觉系统的特点

概括而言，工业机器人视觉系统具有如表4-5所示的特点。

表4-5　工业机器人视觉系统的主要特点

主要特点	具体内容
精度高	部分性能较强的工业机器人视觉系统能够在不接触目标物体的情况下完成空间测量工作，充分确保目标物体的安全，并借助计算机技术提高测量精度
连续性	工业机器人视觉系统能够代替人力来完成各项测量工作，减轻相关工作人员的工作压力，避免各类由人为因素造成的操作失误
灵活性	工业机器人视觉系统能够广泛采集各类信息，并根据应用需求的变化对软件进行迭代升级，确保各项应用软件能够充分满足实际应用需求
标准性	工业机器人视觉系统能够充分发挥视觉图像技术的作用，统一所有视觉系统产品的标准，为视觉技术的普及和大范围应用提供支持

（3）视觉传感器的工作原理

视觉传感器能够借助照相机等设备采集和处理目标物体的图像信息，明确目标图像的位置、数量和形状等各项具体信息，并将这些信息和判断结果上传到传感器中，生成相应的电信号。

从构成上来看，视觉传感器包含照相机、图像传感器等多个组成部分，其中照相机主要用于采集图像信息，图像传感器可分为电荷耦合元件（charge-coupled device，CCD）和CMOS图像传感器两种类型。同时，视觉传感器还具有尺寸小、重量轻、灵活度高、检验范围广等诸多优势，能够在工业领域发挥重要作用。

从本质上来看，视觉传感器是一种集成化程度较高的小型机器视觉系统，能够实现图像采集、图像处理和信息通信等多种功能，可以为用户提供易于实现、可靠性强、模块化程度高、功能多样化的机器视觉相关服务。不仅如此，视觉传感器中还融合了数字信号处理（digital signal processing，DSP）、现场可编程逻辑门阵列（field programmable gate array，FPGA）和大容量存储等多种先进技术，具有较强的智慧性，能够充分满足日渐多样化的机器视觉相关应用需求。

对机器人来说，为了进一步提高自身的智能化程度，必须利用视觉系统大量采集周边环境信息，同时综合运用视觉传感器中的Framework软件和固态图像传感器成像技术，充分发挥光学字符识别（optical character recognition，OCR）技术的作用，精准识别各类条形码和文字字符，并从中获取有价值的信息。

一般来说，视觉传感器主要由图像采集单元、图像处理单元、网络通信单元和显示设备等组成，如图4-14所示。

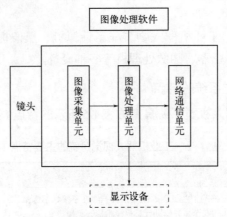

图4-14　视觉传感器的主要构成

① 图像采集单元。具有感光元件和图像采集卡等多种设备，能够广泛采集各类光学图像，并在对这些图像进行数字化处理后传输到图像处理单元当中。

② 图像处理单元。利用图像处理卡等芯片化设备和图像处理软件来获取、存储和处理来自图像采集单元的图像信息，同时也可以充分发挥DSP和FPGA等高速数字处理器的作用，针对用户需求进行软件设计，提高软件的灵活性和个性化程度，同时也有助于进一步强化自身的软件开发能力。

③ 网络通信单元。涉及FTP、SMTP、Telnet、TCP/IP、EtherNet/IP等诸多协议，且装配了以太网和无线通信设备，能够为视觉传感器传输视频图像等视觉信息，为用户取用各项视觉信息提供方便。

各项软硬件相互协调统一，各类视觉传感器中的图像处理软件的模块化和可视化程度不断提高，能够在软件和算法层面为图像处理单元提供强有力的支持。

近年来，工业领域的许多企业开始利用工业视觉系统来提高生产效率和生产数据，并充分发挥工业视觉系统的检测功能，高效完成产品数据采集等工作。工业机器视觉自动化设备可以代替人力完成各类具有重复性、机械性和烦琐性等特点的工作，因此工业领域可以借助工业机器视觉自动化设备来提高工作效率，减少人力成本支出。

4.4　多传感器信息融合技术应用

4.4.1　多传感器信息融合的基本原理

机器人要实现智能化以针对环境的变化做出正确的反应，首先需要感知内外部的各种信息，即具有感知信息的能力。传感器是机器人感知环境信息的工具，能够将感知到的信息进行处理和分析，以便指挥机器人的行动，使得机器人体现出智能化的特征。因此，也可以说智能机器人与传统机器人的一个主要区别为传感器和信息融合技术的应用。

以往，对于机器人传感器的研究大多集中于外部传感器，重点关注机器人对外部环境信息的感知。随着工业领域对机器人应用需求的不断提高，对于不同类型传感器的研究也逐渐增多，但一直以来却缺乏一个系统能够将各种传感器采集的信息进行整合。因此，即便传感器的类型越来越多，各种传感器采集和处理信息的能力不断增强，多传感器拼合系统的缺失仍然使得机器人难以实现真正的智能化。

与单一传感器的能力相比，多传感器信息融合技术能够整合不同传感器输出的信息，极大提升机器人的反应速度和工作效率，应该成为工业机器人领域研究的关键技术之一。

以人类为例，当需要处理周围环境的信息时，大脑会自动地将眼睛、鼻子、耳朵、肢体等感受的各种信息进行整合，从而获得对环境或事件的准确判断。这种对多种感知信息进行融合处理的能力是人类也是自然界中的生物具备的一种本能，通过将不同信息梳理为对环境感知的线索，既需要个体具备综合感知的能力，也需要基于已有的知识经验。将人类大脑这种整合和处理信息的能力迁移至工业机器人中，即将多传感器信息融合技术应用于机器人系统中。

机器人的多传感器信息融合就需要像人类大脑对信息的整合和处理一样，要兼顾不同传感器采集到的信息，将这些信息基于已经设定好的某种准则，从时空等维度进行整合，从而获得对于环境的整体判断和分析。因此，多传感器信息融合实际上就是一种对不同传感器信息的整合和处理，其目标是在各个传感器协同工作的基础上提升机器人整个传感系统对于环境感知的有效性、准确性和完整性。

4.4.2　多传感器信息融合的系统构建

智能机器人工作环境中的信息可能是多维的、不断变化的、极其复杂的，因此需要借助多个传感器进行信息的感知。传感器是智能机器人与外界环境连接的纽带，目前机器人领域常用的传感器主要包括激光传感器、超声波传感器、红外传感器等。由于传感器感知信息能力的高低直接决定了机器人对于外界环境的感知水平，因此要提升机器人的智能化水平，增强机器人的工作能力，需要以更为理想的传感器的应用为基础。

由于传感器的构成、功能等方面的限制，单一的传感器能够感知到的信息并不全面，但这也并不意味着传感器的数量越多，机器人感知信息的能力就更为优越。因为传感器的增多必然会使得信息的融合更加复杂、机器人感知系统的运行负担也会相应加大。

为了构建多传感器信息融合的系统，传感器的数量应该适中，且不同的传感器之间需要具有一定的关联。从已经面世的智能机器人来看，立体视觉传感器、距离传感器、多功能触觉传感器等基本已经成为必备的装置。多传感器信息融合系统的结构如图4-15所示。

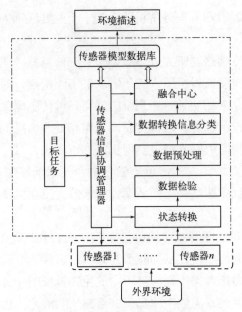

图4-15 多传感器信息融合系统的结构

（1）系统任务属性

机器人智能化的一个重要表现是对于环境信息的感知和处理，换言之，多传感器信息融合系统的功能与机器人的智能化水平密切相关。多传感器信息融合系统可以将安装于机器人不同位置的不同类型的传感器采集的信息进行整合处理，筛选出具有高价值的信息，剔除无用或冗余信息，整合重复出现的信息，判别彼此相互矛盾的信息，在此基础上对外界环境或正在发生的事件做出准确的判断，并成为系统进行决策的重要参考，降低机器人运行的失误率。

由于机器人执行任务的环境是复杂多变的，与此对应，多传感器信息融合的任务也是包含不同形式和多个层次的。因此，多传感器信息融合至关重要的一点就在于优化处理工序，从而保证数据信息的优化处理和系统的高效运行。

（2）拓扑结构规划

多传感器信息融合的拓扑结构主要包括以下四种，如图4-16所示。

图4-16 多传感器信息融合的拓扑结构

① 分散型。这是多传感器信息融合应用较为广泛的一种拓扑结构。在分散型的拓扑结构中，各个传感节点对于环境信息的感知能力都很强，均是多传感器信息融合不可

或缺的重要组成部分。其优点主要表现为：不同传感节点的信息可以快速融合，整个系统的可靠性高；个别节点的失误不会影响整个系统的运转；系统不需承载过重的信息负担，数据库维护压力小。其缺点主要表现为融合精度较差。

②集中型。这也是多传感器信息融合应用较为广泛的一种拓扑结构。其优点主要表现为：整体结构简单，但融合精度高。其缺点主要表现为：各个传感器的信息均输送完毕后才能够进行信息融合，不仅使得系统信息融合的速度较慢，而且承担的通信和计算负担重。

③混合型。混合型多传感器信息融合即将分散型多传感器信息融合与集中型多传感器信息融合进行整合，因此，这种拓扑结构能够兼具以上两种拓扑结构的优点，但是，其也具有一些缺点，比如，系统需要承担的通信和计算负担明显高于单纯的集中型多传感器信息融合，通信和计算的代价非常高。

④分级型。分级型多传感器信息融合又可以根据反馈的不同，分为有反馈和无反馈两种不同的结构。在分级型结构的每一层级，还可以根据拓扑结构的不同划分出分散型、集中型和混合型的节点。作为一种综合型的拓扑结构，随着技术的进步，其融合的方式也会发生变化，以更适应多传感器信息融合的需要。

4.4.3　多传感器信息融合的技术路径

对于移动机器人、遥操作机器人等具有较大灵活性和机动性的机器人而言，环境感知功能是其极为重要的功能之一，由于处于不断变化的、具有高度不确定性的、非结构化的工作环境中，机器人的环境感知能力也必须相应提升，才能够满足执行任务的需要，多传感器信息融合技术可以改善机器人对于外部环境和自身状态的感知能力。

当机器人执行任务时，其配置的传感器能够实时采集对应的信息，在多传感器信息融合的作用下就能够对这些信息进行整合处理，从而获得随外部环境的变化而实时更新的全面、准确的信息，为机器人的响应提供参考。以移动机器人为例，其能够协助或替代人类执行各种工作，工作环境涉及地面、空中、水面和水下等，为了在整个工作过程中能够高效精准地进行自我定位、路径规划、障碍物躲避、地图导航、环境建模等，就需要利用多种传感器获得尽可能全面准确的环境信息。

多传感器信息融合的技术路径主要包括以下几个方面，如图4-17所示。

图4-17　多传感器信息融合的技术路径

（1）目标识别

无论机器人执行何种任务，其针对的对象是必然存在的，因此目标识别是多传感器信息融合的重要内容。机器人可以通过配置好的距离传感器、视觉传感器等获得物体的方位、大小、形状、颜色等，并通过对已知目标特征的对比识别目标。

（2）传感器测距

由于机器人执行任务时会处于活动状态，因此必然需要感知相关的距离，比如机器与操作对象之间的距离、与行进过程中遭遇的障碍物之间的距离、与其他机器人之间的距离，因此应用距离传感器测距就成了多传感器信息融合中的一个重要内容。

（3）融合方式

将各个传感器获得的信息进行融合需要基于合适的方式，目前智能机器人的多传感器信息融合的方式主要有扩展Kalman滤波、模糊逻辑法、神经网络法、加权平均法、Bayes估计法等。

（4）自主导航

自主导航技术不仅是目前工业机器人研究的焦点，也是能够影响机器人整体性能的关键。工业机器人自主导航研究的重点集中于以下两个方面：

• 定位：对于定位问题的研究，实质上就在于如何让机器人通过配置的传感器获得内外部的环境信息，从而使得操作者获得机器人的准确方位。

• 路径规划：对于路径规划问题的研究，实质上就在于如何让机器人通过配置的传感器获取自身与其他物体之间的距离，从而获得一条不会发生碰撞的路径。

对于路径规划问题，由于机器人在整个行进过程中均有可能遭遇障碍物，因此所配置的传感器需要实时获取目标障碍物的方位等信息，为机器人的路径规划提供参考。目前，在工业机器人的研究中，关于路径规划较为常用的方法为自由空间法——依据实时获取的环境信息进行建模，更为精准地规划出机器人的路径方案。

4.4.4　多传感器信息融合的关键问题

除以上提到的多传感器信息融合的基本原理、系统构建、技术路径外，多传感器信息融合的过程中还需要解决数据缺陷、数据关联等关键问题，如图4-18所示。

（1）数据的标准和规范

不同传感器获得的信息在进行融合之前首先需要按照一定的标准和规范进行预处理，以使得不同类型的信息能够处于同一个参考范围，便于信息进一步地处理和融合。需要注意的是，由于不同传感器都会对数据的误差进行调整，因此多传感器信息融合时也应该进行相应的弥补。

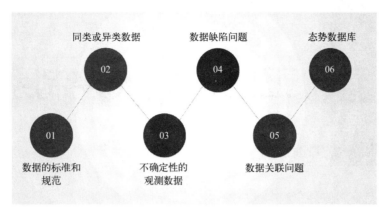

图4-18　多传感器信息融合的关键问题

（2）同类或异类数据

当不同传感器输出的数据为同类数据时，数据的处理和融合难度更低；当不同传感器输出的数据包含异类数据时，数据率可能难以统一，信息也可能无法同步应用，数据处理和融合的难度会明显增大。

（3）不确定性的观测数据

由于机器人执行任务的环境具有一定的复杂性和多变性，因此传感器采集到的数据可能包含噪声成分。因此多传感器信息融合时就需要对各个传感器输出的数据进行多重验证和分析，以降低观测数据的不确定性。

（4）数据缺陷问题

虽然机器人会配置多个传感器，各个传感器的性能也比较强，但在具体的实践过程中，传感器采集的数据信息仍然可能具有一定的缺陷，比如测量数据虚假、不同传感器输出的数据相互矛盾、数据不完整等。要进行多传感器信息融合，首先需要解决数据缺陷问题。

（5）数据关联问题

不同传感器采集的数据信息有时会具有一定的关联，因此就需要对相互关联的数据进行验证和分析，解决其中的不一致甚至相互矛盾的方面，以便确定同一目标数据。

（6）态势数据库

态势数据库的内容包括两部分：实时数据库和非实时数据库。其中，实时数据库即综合各个传感器实时采集的信息而获得的数据库，该数据库的信息进行整合处理可以与非实时数据库一起生成综合态势，以便数据的融合计算和机器人的决策分析。

以上关于多传感器信息融合的关键问题在提升机器人感知信息能力方面是不容忽视的，进而也有助于提升机器人的智能化水平。随着多传感器数据融合技术以及人工智能等技术的发展，机器人的环境感知和自主控制能力必将不断提升。届时，工业机器人有望实现真正的智慧化，并在工业等领域迎来良好的发展前景。

第 5 章

工业机器人控制系统

5.1　工业机器人控制系统概述

5.1.1　工业机器人控制系统的特点

　　机器人是一种由机械和计算机控制系统构成的自动化或半自动化的智能机器，能够通过编程和自动控制来运动，并代替人力完成预先设置的工作任务。机器人不具备自主思考能力和情感，只能按照程序设定执行命令，但也具有不受情感因素影响的优势，能够精准高效地完成大量具有重复性、烦琐性、事务性等特点的工作。工业领域的相关工作人员可以借助机器人控制系统向机器人发出指令，并控制机器人来执行各项工作任务，进而实现对机器人的全程控制。

　　一般来说，机器人控制系统大多具有以下几项特点：

　　① 机器人需要按照预先设定的程序运动，运行线路和运动轨迹都受程序控制。机器人在实时采集和集中处理外部环境信息方面的能力较弱，无法在运动过程中像人一样选择合适的参照物来确保运动的安全性和稳定性，必须借助程序员预设的程序来选择移动参照物，因此机器人的运行线路和运动轨迹也都处于程序设置的移动坐标上。

　　② 机器人中的程序通常会为机器人的日常工作预留一定的自由度和自由空间。程序员在为机器人设计程序时会在系统允许的范围内为机器人设定自由裁量，让机器人既能高效完成程序设定的工作任务，也能处理一些非设定的工作，进而提高机器人程序的丰富性，为机器人处理各项日常工作提供方便，同时，这样的机器人程序也有助于提高机器人的自动化水平和智能化程度，能够优化机器人的工作效果。

　　③ 与人类相比，机器人与外界沟通的能力较弱，在工作分配过程中无法实现与外部环境的有效交流。就目前来看，人类通常使用计算机代码和编程语言来向机器人传达工作指令，以便机器人快速明确工作内容、工作标准和工作要求等信息并高效完成工作任务，同时，人类也可以通过计算机代码和编程语言来与机器人进行沟通，并在此基础上实现对机器人的全方位了解和控制。

5.1.2　工业机器人控制系统的功能

　　工业机器人控制系统中包含运动控制部分和人机界面部分，其中，运动控制部分具有运动控制中央处理器（CPU），能够调控机器人的运动情况，实现运动演算、伺服控制、输入控制和输出控制等运动控制功能；人机界面部分具有接口控制CPU，能够有效协调和精准控制工业机器人以及周边设备，实现显示、通信等示教再现功能。

　　工业机器人控制系统功能如图5-1所示。

　　（1）工业机器人的运动控制功能

　　工业机器人的运动控制功能是一项能够确保工业机器人在运动过程中的安全性和稳定性的重要功能，同时强大的运动控制功能也是机器人高效执行各项工作任务的基础。

　　工业机器人的运动控制功能能够大幅提高机器人对自身运动的控制精度，推动控制模式走向系统自动化，并实现对运动速度、形状变化的调控和对机械部件辅助工作的有

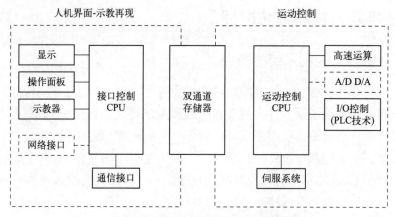

图5-1 工业机器人控制系统功能

效控制，让工业机器人能够在程序设定的范围内高质高效地完成各项工作任务，进而达到利用工业机器人为工业生产赋能的目的。

（2）工业机器人间的示教再现功能

工业机器人间的示教再现功能是一项能够支持机器人与其他机器人互相学习的功能，能够为机器人学习日常工作所需的各项操作提供方便，帮助机器人在示范学习的过程中掌握更多技能，进而提高机器人的工作能力，推动机器人工作走向多样化。

工业机器人可以通过示教再现的方式来快速提高自身的自动化水平和智能化程度，并在此基础上实现高效工作。

5.1.3 工业机器人控制系统的组成

（1）工业机器人控制系统硬件结构

控制系统是工业机器人的核心，工业机器人的运动和工作离不开控制系统的指挥，而控制器是工业机器人控制系统中的重要零部件，控制器产品的制造水平影响着工业机器人的发展情况。近年来，微电子技术飞速发展，微处理器产品越来越成熟，在性能日渐强大的同时，价格逐渐降低，这为机器人控制器带来了新的发展机遇，也为机器人控制器性能的提高和开发成本的降低提供了支持。就目前来看，工业机器人控制器大多借助ARM系列、DSP系列、Intel系列、POWERPC系列等芯片来强化控制系统的计算能力和存储能力。

机器人系统可以利用系统级芯片（system on chip，SoC）技术来集成接口和特定处理器，进一步优化系统外围的电路设计，强化系统的功能和性能，提高整个系统的集成度，调整系统大小，减少成本支出。

以位于美国纽约的Actel公司对SoC技术的应用为例，该公司利用SoC技术在现场可编程逻辑门列阵（field programmable gate array，FPGA）产品中集成NEOS和ARM7的处理器内核，并在此基础上构建起了完整的SoC系统。

现阶段，美国和日本等发达国家已经开发出了较为成熟的机器人运动控制器产品，例如，美国的DELTA TAU公司和日本朋立株式会社等企业通过将数字信号处理（digital signal processing，DSP）技术融入机器人运动控制器的方式，研究出了以计算机为基础的开放式结构的机器人运动控制器。

（2）工业机器人控制系统体系结构

从体系结构上来看，工业机器人控制系统应明确功能划分，制定并完善各个功能板块之间的信息交互标准和规范。一般来说，开放式的工业机器人控制系统大多使用根据硬件层次划分的结构或根据功能划分的结构，其中，根据硬件层次划分的工业机器人控制系统体系结构具有简单化的特点，是日本的各个企业开发的工业机器人中常用的一种体系结构，例如，日本的三菱重工株式会社所开发的PA210可携带式通用智能臂式机器人的控制系统体系结构，可以根据其硬件层次划分为五层结构；根据功能划分的工业机器人控制系统体系结构具有综合考虑软件和硬件设备的特点，是未来一段时间内机器人控制系统体系结构发展的重要方向。

（3）控制软件开发环境

从开发环境上来看，大多数工业机器人公司都具备专门用于工业机器人控制软件研究工作的开发环境以及独立的机器人编程语言。例如，德国KUKA公司、瑞典的ABB公司、日本MOTOMAN公司、美国的Adept公司等诸多机器人开发企业均具备良好的机器人开发环境。

现阶段，世界各国的高等学府均在不断加强对机器人开发环境的研究，且部分高校已经多次在实验室中开展机器人开发相关实验，并充分发挥各项开放源代码的作用，在机器人硬件结构方面大力推进集成和控制操作，力图开发出更加成熟、更加先进的工业机器人控制软件。

为了保证机器人产业稳步发展，行业内需要进一步优化机器人软件开发环境，开发人员应从用户需求出发，利用可视化编程语言等工具来开发新功能，提高机器人功能的丰富性。例如，丹麦乐高和美国麻省理工学院共同开发出了Mind Storms NXT，该组件能够为机器人控制软件开发提供可视化的编程环境；除此之外，微软开发的Robotics Studio也能够为机器人控制软件开发提供可视化的编程环境。

（4）机器人专用操作系统

① VxWorks。1983年，美国风河公司（Wind River System，WRS）正式推出VxWorks。VxWorks是一种具有任务管理高效、中断处理迅速、任务间通信灵活、微内核结构可裁剪等特点的嵌入式实时操作系统（real time operating system，RTOS），能够为POSIX1003.1b实时扩展标准和多种物理介质及标准的、完整的TCP/IP网络协议等提供强有力的支持。

② Windows CE。Windows CE是微软公司开发出的一种基于Windows平台的嵌入式操作系统，具有多样化的功能，且与Windows系列之间具有较强的兼容性，能够广泛应用于以Windows为基础且对内存占用空间存在限制的设备中，并运行在各类工业机器

人处理器体系结构中，为各类移动设备的动态应用和服务提供支持。

③ 嵌入式Linux。嵌入式Linux是一种出现于20世纪60年代晚期的嵌入式操作系统，其源代码通常具有公开、免费、可修改的特点，用户可以根据自身的应用需求对其进行调整。一般来说，系统开发人员只需掌握Unix/Linux和C语言就能够修改系统的源代码。嵌入式Linux能够支持计算机中的各类硬件，并为用户根据自身的实际需求编写适用于各项硬件的驱动程序源代码提供方便。

④ μC/OS-Ⅱ。μC/OS-Ⅱ是一种针对嵌入式应用而开发的基于优先级的抢占式多任务实时操作系统，其源代码具有公开性、实时性、可固化、可移植性、可裁剪性、可确定性和占先式内核等特点，能够在8位、16位以及32位的单片机和数字信号处理器（digital signal processing，DSP）中发挥重要作用。

⑤ DSP/BIOS。DSP/BIOS是TI公司开发出的一个主要面向实时监测、实时调度与同步以及主机/目标系统通信等应用的尺寸可裁剪的实时嵌入式操作系统，其中BIOS指basic input output system，可直译为"基本输入输出系统"。

具体来说，DSP/BIOS主要包括芯片支持库、实时分析工具和多线程实时内核三部分，能够为TMS320C6000TM、TMS320C5000TM和TMS320C28xTM系列DSP平台提供支持，并为开发人员通过实时操作系统来开发DSP程序提供方便。

（5）机器人伺服通信总线技术

现阶段，以太网等仍旧是主流的伺服通信总线，但世界各国均未针对机器人系统专门设置伺服通信总线，因此大多数工业机器人控制系统通常从自身的实际需求出发，选择使用以太网、CAN、1394、SERCOS、USB或RS-485等通信控制总线。

具体来说，目前的通信控制总线大致可分为串行总线技术和高速串行总线技术两大类，其中串行总线技术的技术基础是RS-485和线驱动技术，高速串行总线技术的技术基础是实时工业以太网。

5.1.4　工业机器人控制系统的分类

根据控制结构，工业机器人控制系统大致可分为集中控制系统、主从控制系统和分散控制系统三类。

（1）集中控制系统

集中控制系统就是将所有的控制功能集成到一台计算机中，大多具有成本低、结构简单等特点，是机器人发展初期广泛应用的一种控制结构，但集中控制系统也存在实时性低、扩展难度高等不足之处，难以达到当前的工业机器人对控制系统的要求。

以计算机为基础的集中控制系统可以充分发挥计算机资源的开放性，并利用PCI插槽、标准串行接口或标准并行接口将各类不同的控制卡和传感器集成到工业机器人控制系统中。

一般来说，工业机器人使用集中控制系统无须花费过高的硬件成本，且能够更加便捷地获取和分析相关信息数据，并将系统控制提升至最佳水平，同时集中控制系统还具有整体性高、协调性强等优势，能够为以计算机为基础的工业机器人控制系统进行硬件扩展提供方便。集中控制系统结构如图5-2所示。

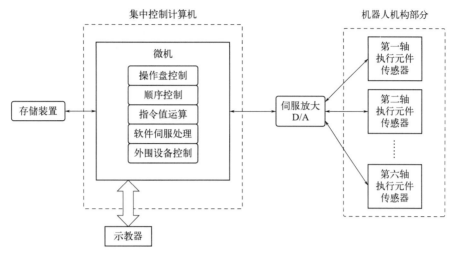

图5-2 集中控制系统结构图

但集中控制系统也存在实时性差、连线复杂、可靠性低、控制风险集中、数据计算速度慢、多任务响应能力弱、系统控制灵活度低、故障影响范围广等缺陷，难以满足不断发展和进步的工业机器人在控制方面的实际需求。

（2）主从控制系统

主从控制系统是一种兼具主处理器和从处理器，且能够综合运用两级处理器来助力工业机器人实现所有控制功能的控制系统。一般来说，主处理器能够帮助工业机器人实现管理、坐标变换、轨迹生成、系统自诊断等功能；从处理器能够帮助工业机器人实现对各个关节动作的精准控制。主从控制系统结构如图5-3所示。

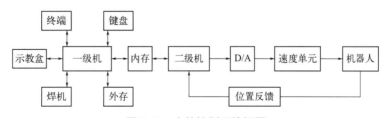

图5-3 主从控制系统框图

主从控制系统具有较强的实时性，能够为工业机器人实现精准高效控制提供强有力的支持，但同时也存在维修难度大、扩展性不足等问题。

（3）分散控制系统

分散控制系统是一种以"分散控制，集中管理"为原则来综合协调并统一安排各项工作任务的控制结构。具体来说，分散控制系统可以协调各个由控制器和被控对象组成的子系统，并集成系统中的各项功能和逻辑等要素，同时为各个子系统之间的信息通信提供支持，以便帮助工业机器人实现有效控制。分散控制系统结构如图5-4所示。

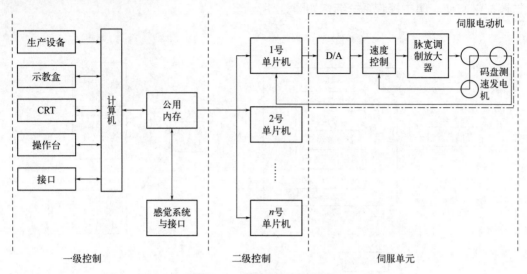

图5-4　分散控制系统框图

工业机器人的分散控制系统通常具有开放性、实时性和精确性的特点。两级分散式控制系统能够通过两级控制的方式实现对上位机、下位机和网络的综合应用，首先，该系统可以借助上位机来实现轨迹规划，同时充分发挥控制算法的作用，为工业机器人实现各项控制功能提供支持；其次，该系统可以利用下位机来帮助工业机器人实现插补细分和控制优化等功能，进一步提高工业机器人的控制能力；最后，该系统还可以利用网络来强化上位机和下位机之间的信息通信，充分发挥RS-232、RS-485、EEE-488、USB总线等各类通信总线的作用，提高上位机和下位机之间的协调性。

以太网和现场总线技术的发展和应用大幅提高了机器人通信的稳定性、高效性和有效性。现场总线技术是助力机器人实现数字通信的关键技术，具体来说，现场总线技术在工业生产中的应用技术层面为微机化测量控制设备实现双向多节点数字通信提供了强有力的支持，并进一步构建起作用于工业机器人领域的现场总线控制系统（fieldbus control system，FCS）。工厂可以利用现场总线连接起工业机器人等多种用于工业生产的现场设备，增强工业机器人在工业环境中的集成能力，进而实现对工业生产的全面控制。

一般来说，分散控制系统具有灵活性高、危险性低、多功能并行、工作处理效率高、任务响应时间短、多处理器分散控制等诸多优势，工业机器人可以借助分散控制系统来提高自身的控制能力。

具有多自由度的工业机器人通常可以通过集中控制的方式来优化各个控制轴之间的耦合关系，但控制算法的复杂程度会随着控制轴数量的增多而不断升高，因此当控制轴数量过多时，工业机器人控制性能会受到控制算法的影响，同时控制系统也需要进行重构。而融合了分散控制系统的工业机器人通常会利用多个控制器分别对各个运动轴进行处理，这既能够有效减少轴间耦合，也能大幅提高整个控制系统的重构性。

5.2　工业机器人的控制方式

工业机器人的控制方式会对其运动方式产生直接影响，而工业机器人的控制方式同样会受到其控制系统的工作机理的影响。一般来说，工业机器人通常采用点位控制、连续轨迹控制、力矩控制或智能控制的方式来实现对机器人运行情况和运动轨迹的有效控制。

5.2.1　点位控制

点位控制（point to point，PTP）指自动化科学技术领域的点对点控制，从本质上来看，就是在确定参数设置的前提下达成始终将关节的变量控制在期望目标，避免转矩扰动造成影响。

PTP可以有效控制工业机器人末端执行器在处于作业空间中的部分离散点上的起点位置、终点位置和姿态，但并不会对末端执行器的运动轨迹进行管控。由此可见，工业机器人的PTP只会记录整个机器人运动轨迹中的两个端点的位置。

PTP具有实现难度低、过程定位精度要求低等特点，当工业机器人利用PTP的方式来控制机械臂运动时，对位于起点位置和终点位置之间的运动过程的精度要求较低，工业机器人可以在确定起点和终点位置以及运动所需时间的前提下，相对自由地控制机械臂运动并执行工作任务。

从结构上来看，PTP运动控制系统通常由控制器、机械执行机构、机械传动机构、动力部件和位置测量器五部分构成。

基于全数字控制交直流伺服系统的控制器能够控制工业机器人在没有障碍物的工作环境中高效完成搬运、点焊、上下料和元件装配等各项只对目标点末端执行器的位置和姿态有明确要求的工作。

就目前来看，点位控制技术已逐步被应用于点焊机器人中。焊点通常具有尺寸小、数量多等特点，因此点焊机器人在执行钢材焊接任务的过程中，需要充分发挥点位控制技术的作用，确保点位移动的精确度。汽车制造业是点焊机器人的应用领域之一，现阶段，各个汽车制造企业都在积极推动点焊机器人在汽车车身自动装配车间落地应用。

点焊机器人在应用点位控制技术时融合了智能测量、精细物流、工厂自动化、工业机器人控制、模块化程序设计、建模加工一体化、机器人构建有限元分析和机器人动力学及仿真等多种技术，能够提高点焊机器人的点位移动精度以及自动化和智能化程度，为点焊机器人的自动焊接工作提供强有力的技术支持。

除此之外，点胶技术也是点位控制技术的重要应用领域之一。具体来说，点胶技术是一项通过将适量的焊剂、黏结剂、导电环氧树脂等材料精准地点在工件芯片、电子元器件等元件中的恰当位置，来实现机械或电器之间可靠连接的先进技术，需要借助点位控制技术来确保点位移动的精准性。

5.2.2 连续轨迹控制

连续轨迹控制（consistent path，CP）大多用于直角坐标空间中，能够对机器人末端执行器在作业空间中的位置进行连续控制，充分确保起点位置、终点位置以及二者之间的运动轨迹的准确性。一般来说，CP控制需要通过综合运用各类插补运算来及时分配、协调和控制多轴脉冲，并确保空间轨迹跟踪的精确性，因此CP控制通常具有复杂度高的特点。在工业领域，CP控制常用于弧焊、涂胶、激光切割、离子切割等工作中。在关节坐标空间中，CP控制并不能有效构建基于实际电机控制轴和直角坐标轴的线性关系，也难以在提高工业机器人的运行轨迹的精度方面发挥有效作用。

CP控制是对工业机器人的机械臂从起点到终点的整个运动过程的连续控制，运动控制器能够在确定运动路线的目标点序列的前提下进行自动计算，确保机械臂在从起点位置到终点位置之间的各个目标点处具有连续的速度，且在到达终点位置的目标点时，速度恰好为零。

CP控制能够为工业机器人实现机械臂光滑连续运动提供支持，从机理层面上来看，CP控制中的连续控制主要依托于命令缓冲区策略。具体来说，当工业机器人采用CP控制方式时，上层主机可以在运动控制器执行存放在命令缓冲区的运动命令的同时，向缓冲区下载命令，并在此基础上实现对命令缓冲区中的各项轨迹信息的预处理，进而提高上层主机的通信效率，并达到有效强化工业机器人的机械臂运动性能的效果。

CP控制具有连续控制、速度可控、轨迹光滑、运动平稳等特点，能够为工业机器人控制机械臂安全稳定地按照既定运动路线从起点位置运动到终点位置进行作业提供支持。当工业机器人采用CP控制的方式控制机械臂运动并执行工作任务时，需要将关节速度和关节加速度控制在机械臂的可承受范围内。

与PTP相比，CP控制能够大幅提高工业机器人的工作效率，降低工业机器人的工作出错率，帮助工业机器人实现高效工作。

5.2.3 力矩控制

近年来，机器人的应用范围越来越广，应用需求也越来越复杂，视觉赋能已经无法充分满足当前的应用需求，因此机器人需要借助力矩控制的方式来实现对输出的有效控制。

工业机器人在控制机械臂拿放目标物体时，既要对目标物体的位置进行精准定位，也要精准控制力和扭矩，通过控制力矩来确保物体既不会因力和力矩过大而受到损伤，也不会因力和力矩不足而滑落。与位置伺服控制相比，力矩控制的原理没有大的变化，但其输入和反馈变为了力信号，因此需要在系统中引入扭矩传感器以及各类具有接近感测、滑动感测和自适应感测等功能的传感器。

力矩是度量机器人机械臂作用在目标物体上的力对目标物体产生转动效应的物理量，也是机器人力矩控制的关键要素，能够体现出机器人在运动时的力和扭矩。

机器人力矩控制方式中融合了控制算法和传感器技术，能够为机器人精准控制机械臂运动提供支持。具体来说，机器人力矩控制方式中融合的控制算法为PID算法，机器人可以借助PID算法实现对力矩的反馈控制，并在此基础上达到精准定位和运动控制的效果；与此同时，机器人力矩控制方式中还融合了传感器技术，装配在机器人中的高精度力矩传感器能够实时动态采集机器人的力矩信息和角度信息，进而在数据信息层面为机器人中的PID控制算法充分发挥作用提供有效支撑。

机器人力矩控制方式是工业自动化领域不可或缺的技术应用。机器人力矩控制方式在工业生产中的应用大幅提高了机器人的运动控制能力和定位精度，为工业领域实现高质高效生产提供了强有力的支持。不仅如此，机器人力矩控制方式广泛应用于军事和医疗等多个领域，为各行各业实现高质量发展提供助力。

5.2.4　智能控制

从本质上来看，机器人智能控制方式指借助机器人自动化的方式来提高机器人的自主判断能力，并在此基础上助力机器人按人类要求高质高效地执行各项工作任务，目前已经被广泛应用于各个领域，为各行各业的发展提供支持。

机器人智能控制需要综合运用各类硬件设备。近年来，数字技术飞速发展，智能化设备的应用越来越普遍，并逐渐改变了人们的生产和生活方式，这些技术和设备在工业机器人领域的应用也大幅提高了工业机器人的智能化程度，促进了工业机器人智能控制方式的落地应用。

工业机器人可以利用传感器来获取外部环境信息，根据对这些信息的分析来掌握周边环境情况，同时对各项相关信息数据进行整理、记录、存储和分析，并在此基础上生成自主化的总结建议，综合考虑时间、空间、出错率等多项因素，制定符合实际情况的问题解决方案，以便高质高效地执行系统中安排的各项工作任务。

（1）智能控制技术

工业机器人控制系统中主要应用了以下几项智能控制技术：

① 模糊控制技术。工业机器人控制系统中应用的模糊控制技术具有数据转换功能，能够对控制系统输入量进行模糊化处理，将其转化为模糊语言，其工作原理如图5-5所示。工业机器人可以在应用模糊控制技术的基础上，进一步综合运用数据信息存储中

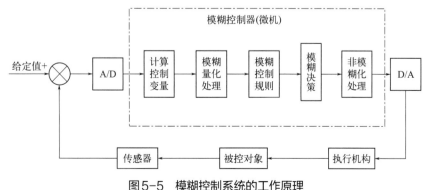

图5-5　模糊控制系统的工作原理

心、数据信息输出系统和数据信息识别系统，以便强化自身的智能控制水平。

基于模糊控制技术的工业机器人智能控制也叫模糊控制。具体来说，模糊控制就是借助工业机器人控制系统对输入数据和输入量进行模糊化处理，并将其作为模糊量传输到模糊推理机中，利用模糊推理机对经过模糊处理的数据进行识别、传输和存储，最后将这些数据上传到输出量清晰化的模块中，并转化为明确的指令信息，以便实现对机器人的有效控制。

② 专家控制技术。专家控制技术融合了传统控制技术和专家系统技术，能够为机器人实现智能控制提供技术层面的支撑，其工作原理如图5-6所示。具体来说，专家控制技术在工业机器人控制系统中的应用充分发挥了各类专家系统知识和规则的作用，同时最大限度完善升级了机器人控制系统，因此，专家控制技术正逐渐被应用在各类工业机器人中，用于提高机器人的智能控制能力。

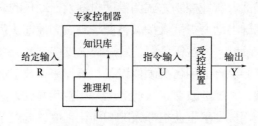

图5-6　专家控制系统的工作原理

专家控制技术主要涉及专家系统和数值算法两项内容，其中专家系统主要由推理机、知识库等多个子系统构成，数值算法可分为控制算法、辨识算法和监控算法等多种类型。专家控制技术通过监测被监控对象实现机器人控制，以便机器人按照控制指令来完成各项工作任务。

（2）智能控制技术的应用

就目前来看，智能控制技术在工业机器人领域的应用主要作用于控制行动路线、控制精度和视觉伺服控制等方面。

① 对机器人的行动路线进行控制。一般来说，机器人的腿部主要由连杆和动轮构成，可以通过滚轮控制的方式带动机器人运动。机器人在运动过程中需要实时采集和分析周边环境信息，并根据分析结果实现对出现在运动路线的各类障碍物的位置和运动状态精准判断，以便及时规避障碍物，确保整个运动过程的安全性和稳定性。

由此可见，机器人不仅需要具备运动和位置控制能力，还需要提高自身的环境感知能力，同时也要对各类可能会影响自身运动的因素进行深入分析。

在控制机器人运动和执行工作任务时，机器人智能控制技术需要充分利用模糊神经网络自适应控制方法来实现对机器人的有效控制。机器人可以通过模糊神经网络控制来提高智能控制系统的反应速度，以便及时识别周边环境信息并实现精准定位。

基于智能控制技术的机器人控制系统通常具有自由化、非线性和强耦合的特点，能够从不同的角度来控制机器人运动。同时，机器人控制系统也需要明确机器人运动过程中的各项干扰因素，提升自身对环境变化等情况的应对能力，在模糊神经网络控制模型无法实现有效映射时重构模糊神经网络控制系统，并利用该系统进行测试，以便无论在何种环境中都能实现对机器人运动的有效控制。

② 对机器人的精度控制。一般来说，PID控制是大多数机器人进行PTP控制时的主要模式，但这种控制模式存在控制精度低的缺陷，无法充分满足机器人在处于一些具有精准、高速等特点的工作场景中时的控制要求。因此，机器人若要实现智能控制，就必须借助PID控制器来弥补控制系统中存在的偏差，强化整个机器人控制系统的控制性能，提高自身在运动和执行工作任务时的稳定性，以便实现精准高速运动。

③ 在机器人视觉伺服控制中的应用。智能控制技术在工业机器人领域的应用能够助力机器人实现视觉伺服控制。工业机器人融合了智能控制系统和视觉伺服系统，能够根据实际应用环境进行图像分析，并针对分析结果和实际生产需求安排生产活动，提高自身在各项工业生产活动中的应用精准度，不仅如此，智能控制系统和视觉伺服系统的综合应用还能够实时动态追踪工业机器人的定位和工作状态等信息，帮助机器人在运动和执行工作任务时实现精准定位。

近年来，科学技术飞速发展，芯片和微电子技术的性能不断提高，同时应用成本大幅降低，这为相关科技产品在各个领域中的普及提供了强有力的支持。在工业机器人领域，智能控制系统逐渐广泛应用于机器人视觉伺服控制中，并在技术层面为工业机器人实现精准、高效、智能化的控制提供助力。就目前来看，各类具有不同功能的微型智能处理器已经被广泛应用到各行各业当中，工业机器人可以综合运用多种微型智能处理器来实现温度感应、光线感应、距离感应、方向感应等与人类感官相似的功能，以便借助并行运算处理的方式来精准感知周边环境，及时根据环境信息调整自身状态，在适应环境的基础上高效处理各项系统安排好的工作任务。

5.3 基于PLC控制的工业机器人系统

5.3.1 PLC控制技术的原理与特性

近年来，我国数字技术、智能技术、互联网信息技术等蓬勃发展，这为工业领域的机器人技术及PLC（programmable logic controller，可编程逻辑控制器）控制技术的革新创造了条件，并能够有力促进其自动化、智能化程度的提升。在现阶段的工业机器人系统研究活动中，研发人员以PLC控制技术作为核心，努力解决该技术在工业机器人领域的应用问题，以推动实现工业生产活动的科学化、智能化与自动化。

目前，PLC控制技术在工业机器人领域已经得到了广泛应用，并取得了较好的应用效果，PLC控制技术能力逐渐成为推动工业自动化发展的重要影响因素，不仅能够为各种工业活动的自动化需求提供支撑，还提升了整体作业效率，有效保证生产质量。这有助于引导工业生产流程、生产工艺改革创新，促进工业产业的发展，以适应数字经济时代的发展要求。

（1）PLC控制技术的原理

PLC控制系统在工业生产控制领域发挥着重要作用。PLC是一种具有微处理器的数字电子设备，通过可编程逻辑控制器实现自动控制，其基本工作原理如图5-7所示。

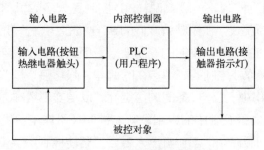

图5-7　PLC控制技术的原理

PLC控制技术的优势在于采用了可编程的存储器，能够存储完成编写的程序代码，程序在所采集数据的基础上，执行逻辑运算、顺序控制、计数、定时等功能。同时，可编程逻辑控制器能够将工业控制系统连成一个整体，通过数字输入或输出控制机械设备运行，机械设备则根据系统发出的指令完成一系列操作任务。

PLC控制系统的自动化优势，使机器人能够在一定范围内代替人工作业，并对人工操作进行提点，辅助生产作业流程，从而实现降本增效。PLC控制系统对各类工业生产环境有着广泛的适应性，尤其在一些高要求、高难度的作业场景中，可以实现对机械设备的精准控制，从而保障工业生产活动高效、安全地开展。

（2）PLC控制技术的主要特性

① 适应性。PLC控制技术基于可编程存储控制的特点，对多样化的工业作业场景有着较强的适应性，当操作需求发生变化时，只需要更改相关参数、机构或接线方式，就可以快速配置、更新其控制功能。另外，PLC种类丰富，并且能够相互兼容、适配，通过对不同类的PLC进行灵活组合，可以满足多样化的系统控制需求。

② 可靠性。PLC基于严格的适应性要求，产商在生产过程中，需要对其进行一系列的干扰测试，并针对问题提出对策。因此，PLC控制技术在实际应用中具备较强的可靠性，能够有力支撑相关生产活动的开展。

③ 简单性。基于PLC控制技术在工业生产场景中的应用特点，PLC具有操作便利、编制简单等优点，其显影系统只需配置微机就能够满足运行需求。同时，该系统的调试、配置活动对人员素质的要求并不高，工作人员只需要具备一定程度的计算机知识，就可以掌握PLC的计数控制、逻辑运算等功能的操作方法，从而使PLC控制技术发挥效用。

5.3.2　工业机器人PLC控制系统的实现

目前，在融合了PLC的工业机器人控制系统中，大多采用PLC编码控制器实施控制。从设计角度看，PLC编码控制器通常采用分层式结构，由此能够在每一个控制节点匹配相应的反馈控制点，从而利于整合数据反馈结构，在发生异常时快速定位到问题点。此外，PLC编码控制器还具有驱动控制和顺序控制的功能，从而科学把控系统操作、运动情况，保证工业机器人的正确操作顺序。

PLC控制系统在工业机器人应用场景中，可以基于一定的逻辑顺序，利用PLC编码控制器对工业机器人系统进行批量开关量控制，其基本结构如图5-8所示。由此，PLC编码控制器需要收集大量有关工业机器人运行状态、任务功能等方面的数据信息。

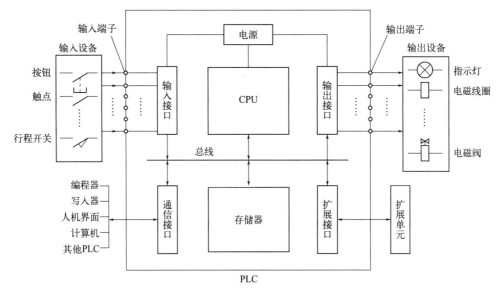

图5-8　PLC控制系统的基本结构

电子技术的发展促进了编码控制器技术的迭代，与第一代编码控制器相比，PLC编码控制器运用了微处理技术，这不仅使编码控制器整体效能和可靠性得到提升，还降低了功耗和成本。微处理器可以同时执行信息收集、信息处理等多项任务，推动基于PLC控制的工业机器人系统的发展。

随着微处理技术的推广应用，超大规模集成电路赋予了PLC编码控制器更高的性能，使其能够实现一定程度上的模拟控制。随着互联网信息技术的发展，基于PLC控制的工业机器人系统将实现在数据传输、存储、运算等方面的性能提升；同时，PLC编码控制器也向着体积更小、更多轴的方向发展，这为未来工业机器人控制系统的性能优化提供了条件。

从阶段看，PLC编码控制器是融合了现代控制技术和现代计算机电子技术的科技成果，它以微处理器为控制核心，集成了仿真实验系统、模拟分析系统、运动驱动系统和相关软件系统等辅助系统，能够在多种应用场景中发挥作用。在工业机器人的控制系统领域，PLC编码控制器可以对工业机器人的作业情况进行实时监控，通过采集、分析其运行数据，可以实现对工业机器人的有效控制，并及时处理各种异常情况。

基于PLC控制的工业机器人系统有着机电一体化优势，随着该系统在各个工业生产领域的推广，可以有效提高产业生产效率。PLC编码控制器作为控制系统的核心处理部分，它通过数据信息输入与输出来支持系统正常运行。输入数据包括传感器采集到的各类数据，输出数据则主要是指基于数据分析做出的决策和执行指令。同时，PLC编码控制器可以依据来自外部工作人员输入的指令，实现对工业机器人系统的有效控制。

PLC编码控制器在工业机器人系统中的应用优势主要表现在以下方面：

① 控制性能强。PLC编码控制器可以同时执行多项运算任务，并迅速发出指令信息，从而实现对工业机器人系统的高效控制。在控制系统中运用物联网、5G等先进通信技术，有利于各类数据的快速、准确传递。

② 可靠性高。PLC编码控制器的加密机制能够有效保障数据安全和核心程序算法的安全，大大提升了PLC编码控制器的抗干扰能力。这有利于使工业机器人系统保持稳定运行，同时确保数据安全。

③ 适用范围广。PLC编码控制器可以应用于多种类型的需求场景中，包括开关量的逻辑控制、运动控制、模拟量控制、过程控制等，其应用范围具有广泛性。

5.3.3　工业机器人PLC控制系统的设计

随着工业生产自动化程度提高，基于PLC控制技术的工业机器人系统在工业生产活动中得到广泛应用，并发挥了重要作用，不仅推动实现了对工业机器人自动化控制与自动化管理，确保生产任务保质保量完成，还促进了机电一体化发展。目前，对基于PLC控制技术的工业机器人系统的应用已经较为成熟，对该系统的研究逐渐进入到关键时期，其研发设计亟待找到新的突破口与创新点。以下将从硬件设计和软件设计两方面对该系统的研发设计情况进行探讨。

（1）硬件设计

搬运、装配是工业机器人的基础性功能，而PLC控制技术要对这些功能进行精准、有效的控制，可以通过控制电磁阀部件和气缸驱动来实现。气缸直接受控于电磁阀，PLC可编程控制器则控制电磁阀部件，以此把控气缸的驱动动作，实现对机器人运动状态的控制。同时，基于PLC编码控制器的优越性能，可以保证机器人各个关节有序运行、各个装置充分配合，由此实现从控制、决策，到执行的自动化。

通常，工业机器人在搬运等应用场景中会涉及两个工作台（假定它们分别为工作台1#和工作台2#），其转移加工工件有多种情况，例如：将工件从初始位置转移到工作台1#或工作台2#后进行后续操作；工件在工作台1#和工作台2#之间相互转移，其间可能执行其他操作，也可能不执行；等等。

要使工业机器人顺利完成上述一系列任务，就需要事前设定好相关操作流程和工序，而机器人在运行过程中，其末端执行器（或操作手指）和活动关节将向着预定方向移动（例如从工作台1#到工作台2#），到达目标点后停止；反之，如果要将货物移动到反方向的位置，机器人则根据上述流程执行反向操作。同时，控制系统不断通过所接受到的位置反馈信息进行动作修正，确保整个任务流程顺利完成。

（2）软件设计

对工业机器人的软件设计需要从机器人的实际工作流程特性和场景应用需求出发。

基于PLC控制技术的机器人控制系统，一般都支持手动操作和自动操作两种基本形式。设计者需要熟悉相关领域内的工业活动内容，在对工作流程进行深入思考的基础上，合理选择流程实际指令，并严格落实各项流程规范。

首先，需要明确对机器人进行科学管理的流程规范。例如，在充电过程中可以通过ISL初始状态指令对机器人进行初始化设置，以避免机器人自动控制系统再次启动后处于错误流程或出现操作失误；对已编制程序的机器人控制系统要进行定期维护、优化，解决在机器人与作业过程中产生的存储、兼容性、程序冲突等方面的问题。

其次，要尽可能地科学设计机器人控制系统的手动控制模块，使其充分满足应用场景需求。在进行系统维护和管理时，不仅要检查、优化手动开关，还要注意末端执行器的连接情况，调整机械臂的高度、灵活度甚至工作空间，确保机器人的机械臂、连杆、关节、末端执行器等部件的运动顺序正确，同时可以通过多种途径提高机器人运动定位的精确度。另外，可以设定联锁保护机制或加密程序，以提升应用程序的安全性。

最后，对机器人的一系列部件装置、操作流程进行测试，检查动作是否连贯，观察机器人的感知系统、控制系统等在自动化控制操作中是否能够顺利运行。

5.3.4 PLC控制技术在工业机器人中的应用

随着计算机电子技术的发展，越来越多的自动化技术在工业生产领域得到广泛应用，为工业领域的自动化、智能化转型提供了条件。其中，PLC控制技术、工业机器人技术和CAD（computer aided design，计算机辅助设计）等技术是现代工业技术先进性的代表，这为未来工业技术的发展提供了参考方向。

随着基于PLC控制技术的工业机器人系统的深化应用，其积极价值和作用得以充分体现，该系统在实际应用中的质量与效率逐渐成为评价工业机器人生产性能的重要参考依据。具体来说，PLC控制技术在工业机器人中的应用主要体现在以下几个方面，如图5-9所示。

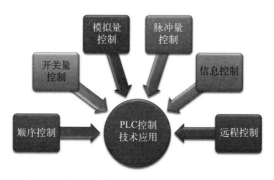

图5-9 PLC控制技术在工业机器人中的应用

（1）顺序控制

PLC控制技术是对工业机器人进行顺序控制的重要方法。在工程建设等作业场景中，装载了PLC控制系统的机器人在完成既有设定任务工序的同时，还可以自动处理零件废料、废渣，从而降低了生产废料对生产过程带来的干扰风险；另外，PLC控制系统可以保证多类型工业机器人同时作业的协同性，这有助于工业生产效率和综合效益的提升。

在工业机器人的生产环境中，PLC控制技术在数据传送管理、生产系统管理、自动化远程控制等场景中有着广泛应用，能够控制机器人代替人工完成许多工作，有利于降本增效。同时，生产者或生产管理人员需要充分了解PLC控制技术控制下工业机器人的作业性能，利用PLC技术强化对总体局面的把控，在应用探索中积累经验，以推动工业机器人系统的全面升级，提升机器人作业在整体生产流程中的协同性。

（2）开关量控制

开关量控制是工业机器人顺利运行的基础，而PLC控制技术在开关量控制方面具有突出优势。相比传统工业制造系统，该技术基于可编程存储器，通过计算机编程技术强化了对自动化系统的控制与管理，使运算效率、数据传输效率和机器人的反应速度大幅提高。

PLC控制技术可以辅助提高操作系统控制范围的精确度和整个工业生产系统的控制效率，实现无须人工监管的自动化控制。在部分生产活动中，可以使PLC自动控制系统与传统的控制模式相结合，从而提升工业机器人在各类生产场景中的适用性，协同促进生产流程变革与自动化生产模式的发展。

（3）模拟量控制

通常，控制系统通过引入电压、电流、温度、压力等模拟量（模拟信号）来实现过程控制。PLC控制系统在处理模拟量时，首先要对模拟量进行离散化和量化处理，利用A/D（模拟量输入单元）模块将其转化为数字量（数字信号），进而基于算法规则进行分析、处理，处理获得的数据结果通过D/A（模拟量输出单元）模块进行锁存后，转换为模拟量输出。利用PLC控制技术能够更好地进行模拟量转换，使其满足系统在运行过程中的各种模拟量输出需求，从而高效推进各项作业任务开展。

目前对于模拟量的控制有多种不同的控制方法，其中较为常用的是开环控制与闭环控制，以下进行简要介绍：

① 开环控制。开环控制是一种无结果反馈的系统控制方式，其控制指令通常一次性传递给被控对象，快速完成控制活动。PLC控制系统根据传感器监测到的干扰量和调节量需求输出一定的控制量，使控制量与干扰量同时作用于系统（或执行器），以抵消干扰量对系统带来的负面影响。目前，PLC控制系统大多采用步进电机进行开环控制。

② 闭环控制。闭环控制是一种根据被控对象输出反馈来进行校正的控制方式。其工作流程是：传感器将其接收到的调节量（此时为模拟形式）通过A/D模块进行量化，PLC控制系统对转换完成的数字量信息进行处理，处理结果通过D/A模块转化为模拟量，最终作用到被控对象上，完成相应的操作。闭环控制的方法在工业机器人关节角度的控制方面广泛应用，通常将关节角度看作一种模拟量，系统通过控制伺服电机的运动速度，实现关节角度的精准控制。

（4）脉冲量控制

脉冲量控制通常用于调节被控对象的速度、加速度、位置、运动方向等属性。PLC控制系统基于其数据处理性能，可以同时处理来自各个被控对象的感知数据，以此了解各个对象的运动情况，并通过控制其脉冲量，实现对多个对象的协同控制。对脉冲量的控制也可以采用开环控制或闭环控制的方式。

（5）信息控制

信息控制即所谓的数据处理，PLC控制系统可以高效、准确地控制工业机器人系统的各种信息活动，包括数据采集、数据存储、信息检索、数据转换、数据处理等，PLC控制系统的运算模式与计算机类似，相关数据会以可视化的方式呈现在显示屏上，根据数据处理量和处理方式等需求，PLC控制系统可以连接计算机，利用计算机对各类信息进行高效处理。

（6）远程控制

PLC控制系统的远程控制作用主要体现在对异地设备的运行状态进行实时监控与控制。PLC控制系统可以配置多种类型的通信接口，通过接入物联网、互联网等，具备了良好的通信能力，从而快速响应设备的控制需求。远程控制可以实现对远距离机器人设备的节能管理、智能分析诊断、预测性维护、远程作业指导等功能，有利于节约人力，提高生产效率。

第6章 工业机器人编程操作

6.1　工业机器人的编程语言

6.1.1　机器人编程语言的发展

近年来，机器人技术飞速发展，机器人在各个领域的应用越来越广泛，机器人语言也逐渐发展成熟，并成为机器人技术中的重要组成部分。机器人硬件设备和机器人语言都是支撑机器人实现各项功能的重要工具，二者缺一不可。

在机器人发展初期，大多数机器人都存在功能单一和动作简单等不足之处，需要借助示教或固定程序来实现对运动的有效控制，但这两种运动控制方式均难以达到机器人在日渐复杂多样的作业环境中对作业动作和运动控制的要求，因此现阶段的机器人需要充分发挥机器人语言编程的作用，提高自身对不同的作业环境的适应能力，以便高效执行各项工作任务。

机器人的诞生和发展促进了世界各国对机器人语言的研究。1973年，美国斯坦福人工智能实验室开发出了WAVE语言，这是全球范围内的第一种机器人语言，能够描述机器人动作，并通过对力和接触的控制实现对机器人动作的控制，同时也可以借助视觉传感器来提高机器人的手眼协调性。

1974年，美国斯坦福大学人工智能实验室又在WAVE语言的基础上开发出了AL语言。AL语言是一种编译形式的机器人语言，用户可以在指令编译器中输入机器人语言源程序，并在此基础上合理分配工作任务，实现实时机上控制，以便向机器人发出控制指令，控制机器人执行工作任务。AL语言既可以描述机器人手爪的动作，也可以记录机器人的作业环境，掌握作业环境中的物体的位置信息，进而对两台或两台以上机器人进行协调控制。

1975年，美国的国际商业机器公司（international business machines corporation，IBM）开发出了ML语言，到20世纪80年代，该公司又开发出了AUTOPASS语言。具体来说，ML语言能够在机器人的装配作业中发挥重要作用，而AUTOPASS语言具有对几何模型类任务进行半自动编程的功能，能够进一步增强机器人在装配作业方面的能力。

1979年，美国Unimation公司推出了可变汇编语言（variable assembly language，VAL），到1984年，该公司又推出了VAL Ⅱ语言。具体来说，VAL语言具有编程简单、语句简练及结构和内核与BASIC语言相同等特点，通常被广泛应用于PUMA和UNIMATE型机器人中。VAL Ⅱ语言可以看作VAL语言的升级版，不仅能实现VAL语言的所有功能，还具有传感器信息读取功能，能够借助传感器信息来实现机器人运动控制。

进入20世纪80年代后，美国的车联网公司Automatix公司开发出了RAIL语言，美国的麦克唐纳·道格拉斯公司开发出了MCL语言。具体来说，RAIL语言可以借助传感器信息来实现对零件作业的精准检测，而MCL语言是一种基于数控自动编程语言的机器人语言，能够在各类融合了机器人和数控机床等设备的柔性加工单元的编程中发挥重要作用。

机器人语言具有多样化的特点，且为了不断丰富机器人的功能，编程人员还在不断开发新的机器人语言；同时，机器人语言也具有较强的针对性，大多数机器人语言都需要编程人员针对某一类型的机器人专门进行开发，无法直接应用到其他类型的机器人中，也就是说，机器人领域几乎每研发出一种新型机器人都需要专门为其开发一种新的机器人语言。

根据作业描述水平，机器人语言大致可分为动作级编程语言、对象级编程语言和任务级编程语言三种类型。

6.1.2 动作级编程语言

动作级编程语言具有语言简单、编程难度低等优势，能够对机器人从当前位姿运动到目的位姿进行描述，且每一条指令都与机器人的动作之间存在一一对应的关系，但同时动作级编程语言也存在功能较少、数学运算能力较低、无法接受浮点数、无法接受字符串、无法接受具有一定复杂性的传感器信息、子程序中缺乏自变量、计算机通信能力弱等不足之处。例如，VAL语言就是一种动作级编程语言，能够描述机器人的位姿运动。

一般来说，动作级编程语言分为关节级编程和末端执行器级编程两种动作编程，如图6-1所示。

图6-1 动作级编程语言的两种类型

（1）关节级编程

关节级编程是一种以关节坐标系为场所，以机器人的关节为对象的编程方法。关节级编程常用于关节位置的时间序列表示较为简单的直角坐标型机器人和圆柱坐标型机器人中，但对于关节位置的时间序列表示较为困难的回转关节型机器人来说，任何动作都需要经过大量复杂的运算，因此关节级编程难以在回转关节型机器人中发挥作用。

一般来说，关节级编程既能够以编程指令的方式应用到机器人中，也能够借助示教盒示教和键入示教的方式在机器人中发挥作用。

（2）末端执行器级编程

末端执行器级编程是一种以机器人作业空间的直角坐标系为场所的编程方法。具体来说，末端执行器级编程能够在机器人作业空间的直角坐标系中利用机器人末端执行器的位姿时间序列及与力觉、触觉、视觉等各项辅助功能相关的时间序列来明确机器人的作业量和作业工具等信息，并在此基础上控制机器人动作，提高机器人动作的协调性。

一般来说，末端执行器级编程具有感知功能、并行功能和条件分支，能够选择工具，设定工具，并实时处理各项数据信息。

6.1.3　对象级编程语言

在编程过程中，对象通常指作业和作业物体。对象级编程语言是一种能够描述操作物与操作物之间关系的编程方法，可以帮助程序员实现对作业本身顺序和环境模型的描述，进而在不对机器人手爪运动进行描述的情况下，达到控制机器人动作的目的。

AML语言、AUTOPASS语言等编程语言都是十分典型的对象级编程语言，一般来说，这类编程语言通常具有如表6-1所示的特点。

表6-1　对象级编程语言的主要特点

序号	主要特点
1	能够实现动作级编程语言的所有动作功能
2	具有感知能力强的特点，既能够充分发挥传感器信息的作用，以对环境描述和模型进行更新和调整，也能够利用传感器信息完成控制、测试和监督等工作
3	具有开放性强的特点，能够借助语言系统中的开发平台增设新的语言功能，为用户通过各项指令控制机器人提供方便
4	具有数字计算能力强和数据处理能力强的特点，能够高效处理浮点数并实现与计算机之间的即时通信

对象级编程语言可以使用与自然语言相似的方式来对作业对象的变化进行描述，并通过表达式的方式来呈现作业量、运算功能，以及作业对象所受的力、力矩和位姿时序，利用知识库或数据库来管理和存储工具参数、作业对象参数、机器人尺寸参数等信息。系统可以利用知识库和数据库中的信息来模拟仿真机器人动作过程，并设计作业对象的位姿，采集和处理传感器信息，进而完成避障和信息通信等工作。

6.1.4　任务级编程语言

任务级编程语言是一种可以根据相关规则对机器人作业对象的初始状态和最终状态进行描述的机器人高级语言。对机器人来说，使用任务级编程语言可以在不描述作业任务和作业对象的中间状态借助知识库、数据库以及环境信息完成推理和计算工作，并提高推理和计算的自动化程度，以便自动生成具体的动作、顺序和数据。

以装配机器人为例，在执行螺钉装配任务时，需要明确螺钉的初始位置和目标位置，并利用语言系统根据抓取指令在复杂的作业环境中找出能够有效规避环境中障碍物的运动路径，让机械臂能够精准抓取螺钉，并沿着该路径将螺钉运送到目标位置，以便顺利完成螺钉装配工作。装配机器人中的计算机能够自动完成整个螺钉装配作业处于中间状态时的各项方案设计、工序选择、动作安排等工作。

任务级编程语言具有结构复杂的特点，目前的成熟度还不够高，需要相关人员进一步加大研究力度，同时任务级编程语言也离不开知识库、数据库以及人工智能理论基础的支持，未来，任务级编程语言将随着数据库和人工智能等技术的发展和应用不断升级，并成为机器人领域不可或缺的机器人语言类型，为简化机器人编程应用提供支持。

大多数服务于用户的机器人语言都是机器人公司根据用户的实际情况和自身的语法规则，以及语言形式自主开发的语言平台，通常具有理解难度低和应用难度低等特点，能够为用户提供示教编程服务。

服务于机器人系统开发工作的语言平台主要包括C语言、C++语言及基于IEC 61131标准语言等涉及硬件的高级语言平台，这些语言平台具有编写、翻译、解释程序的功能，能够将用户示教语言平台编写的程序翻译或解释为易于理解的指令，同时这些语言平台能够编写运动学和控制相关的机器人程序。除此之外，以Intel硬件为基础的汇编指令等硬件语言也能够在机器人系统开发工作中发挥作用。

一般来说，商用机器人公司和机器人控制系统提供商为用户提供的编程接口是不同的，其中，商用机器人公司大多为用户提供ABB、KUKA等自主开发的示教编程语言系统，这类语言系统通常具有简易性的特点，而机器人控制系统提供商大多为用户提供第二层语言平台，这一层次的语言平台通常具有开放性的特点，是机器人开发厂商常用的编程语言平台，用户可以在处于该层次的语言平台中利用机器人运动学算法、多轴联动插补算法等二次开发自身的产品应用，但使用该层次的语言平台也为用户带来更大的工作量。

大多数工业机器人公司所使用的编程语言都是自主开发的专属编程语言，但这些编程语言之间都具有相似之处。具体来说，VAL3语言的风格与BASIC语言相似，RAPID语言的风格和C语言相似，除此之外，V+、FANUC、KUKA、MOTOMAN等多种编程语言的关键特性也存在许多相似之处。

1962年，美国万能自动化（Unimation）公司生产出了世界上第一台机器人，1979年，该公司开发出了VAL语言，并陆续将其应用在PUMA和UNIMATE等机器人中，用于完成机器人动作描述相关工作。VAL语言是一种基于BASIC语言的机器人编程语言，因此从语言结构上来看，VAL语言和BASIC语言具有一定的相似性，而VAL Ⅱ语言和VAL3语言都是基于VAL语言的机器人编程语言，这三种语言之间也存在许多相似点，由此可见，各类机器人编程语言之间都存在相似之处。

6.2　工业机器人的编程技术

6.2.1　示教编程技术

在智能制造和"工业4.0"的发展背景下，机器人在焊接、装配、打磨、喷漆和搬运等生产活动中得到了广泛应用。而随着工业机器人技术的发展，人们对生产效率、产品质量的要求也进一步提高。编程作为机器人控制系统的重要组成部分，编程方式的优化、编程效率的提升有利于提高机器人性能及在不同作业场景中的适应性，从而提高生产效率。

示教编程是一种机器人通过记录操作人员示教动作进行编程的方法，主要包括四个方面，如图6-2所示。

图6-2　示教编程技术

（1）在线示教编程

进行在线示教编程时，操作人员通过示教器控制机器人末端执行器到达预定位置，机器人则记录运动过程中关节的转动角度、位移速度、运动轨迹和位置坐标等数据，并自动编写为运动指令，在作业过程中自动重复该指令任务。

在线示教编程具有操作便捷、编程效果直观等优势。例如，在点焊作业中，可以先由操作人员控制机器人到达各个焊点（即进行人工示教），使机器人记录焊点位置和焊接轨迹，进而通过自动作业完成对车身的焊接任务。在焊接过程中，虽然可以保证机器人的末端执行器处于正确位置，但车身的位置却有可能发生变化，因此在实际操作中需要利用激光传感器等设备辅助校正机器人的焊接路径。

（2）激光传感辅助示教

激光传感器有着对环境适应性强、感知精度高等特点。机器人在一些极端的作业环境下（例如水下施工、核电站修复、高空探索等），操作者往往无法亲临现场，因此示教流程一般以远程遥控的方式进行。

这种情况下，基于立体视觉信息反馈的示教活动容易受到外部环境因素和设备性能的影响，而激光视觉传感能够获取到较为精准的位置信息。在焊接等作业任务中，机器人控制系统可以通过激光视觉传感器实时获取焊缝轮廓信息，从而自动调整焊枪位姿与运动轨迹，保证焊接任务顺利完成。

（3）力觉传感辅助示教

激光辅助示教的应用场景虽然较立体视觉示教有所拓展，但仍然存在不适用的场景——工件表面状态也会影响激光视觉传感的精确度，例如在焊接作业中，不规则的焊缝可能导致特征点提取困难，使焊接轨迹出现误差。

有学者提出了"遥控焊接力觉遥示教"技术，该技术通过力传感器与工件（焊缝）直接接触来识别焊缝位置，不仅系统结构简单、反应灵敏度高，且示教精度高，成本可控。通过应用自适应控制模型和力觉遥示教焊缝辨识模型，可以提升对焊缝识别的精确度，并实现局部的遥示教自适应控制。同时，视觉感知信息的实时共享可以辅助操作人员对遥控焊接遥示教流程进行有效掌控。

（4）专用工具辅助示教

一些示教工具的应用，可以辅助操作人员更直观地理解对机器人的示教情况。辅助示教工具主要包括姿态测量单元和位置测量单元，用以测量机器人执行器的姿态和所处位置。以最常见的工业机器人为例，六自由度的机器人结构通常包含有两个手臂（连杆）、一个手腕、若干关节和末端执行器。

当机器人处于运动状态时，其光电编码器能够记录每个关键的旋转角度和位移数据，操作人员通过控制机器人的手腕完成示教，坐标转换器则将所记录的位移、角度信息转换为机器人编程所需的加工路径值，从而通过示教编程指令实现自动化作业。

示教编程的操作难度较小，精度较高，操作人不需要时刻监督机器人的运行情况；激光视觉感知、力觉感知等模块的应用提高了机器人的灵活性，使示教编程的应用场景进一步拓展，这有助于提升效率，实现产线的自动化、智能化转型。

6.2.2 离线编程技术

随着现代工业的发展，工业机器人技术也有了一定程度的创新发展，但仍然无法满足日益膨胀的自动化、智能化生产制造需求。机器人所面临的应用场景更加多样，对机器人的运行轨迹要求也更为复杂，传统的示教编程方式不再适应复杂任务下的编程要求。与之相比，离线编程技术的优势得以凸显，受到了越来越多企业的青睐。

（1）采用离线编程的必要性

示教编程的特点之一是操作人员需要"亲临"现场，在对现场有充分了解的基础上进行示教操作，其完成度（或示教效果）依赖于操作人员的实践经验，对初学者而言可能会带来更大的安全风险。而离线编程可以提供有效的解决方案，其工作流程如图6-3所示。

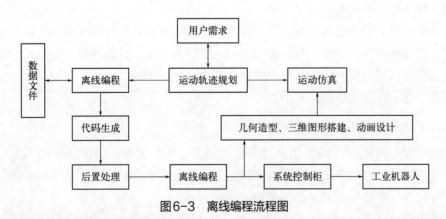

图6-3　离线编程流程图

离线编程是通过离线编程软件实现的，软件一般带有仿真模拟功能，可以根据算法模型自动解释、编译、规划机器人的运动轨迹，生成指令代码，从而使操作者在不接触实际工作环境的情况下，实现对机器人的有效控制与交互。这提升了工业机器人作业流程的便捷性和安全性。离线编程与示教编程的比较优势如表6-2所示。

表6-2　离线编程的优势

序号	对比项	示教编程	离线编程
1	工作环境	在实际工作环境下操作	在虚拟环境下操作
2	人机交互	编程时机器人停止工作	编程时不影响机器人工作
3	材料损耗	需提供场地、材料、气、电	只需在电脑上虚拟仿真操作，低损耗
4	质量效果	运动轨迹取决于编程者的经验	软件规划最佳运动轨迹
5	技术要求	快速实现的直线或圆弧运动	可实现复杂运行轨迹的编程

综合上述信息可以看出，与示教编程相比，离线编程在人机交互、工作环境、质量效果、材料损耗、技术要求等方面都具有显著优势，离线编程使工业机器人的应用性能大幅拓展，不仅能够完成更为复杂的作业任务，还能够有效减轻操作人员的负担，提升作业效率。

（2）离线编程的实施条件

离线编程的应用优势并不是绝对的，在进行机器人编程时，需要根据实际作业任务需求和环境特点，选择合适的编程方法。其中需要考虑的因素有：工业机器人的型号、控制系统、操作对象、工装夹具、机器人所处环境条件等。选择编程方法可以参考以下原则，如图6-4所示。

图6-4　离线编程的实施原则

① 示教编程和离线编程相互补充。示教编程在平面2D运动控制场景中的应用方便且高效，可以及时修正机械结构带来的误差，但对3D空间中的运动轨迹运算性能较差，因此需要引入离线编程的方法作为补充。对两种编程方法的融合应用，能够弥补单一方法的不足，提高工业机器人在多样化作业任务中的适应性。

② 离线编程机器人设施与实际应用统一。当前，市场中有各种各样的离线编程软件，例如SprutCAM、Robotmaster、RobotStudio、RoboGuide、PQArt等。在选择离线编程软件时，需要考虑工业机器人型号、系统、负载等要素与软件的适配性，即软件的虚拟环境模拟性能与实际场景是否贴合。如果进行离线编程时机器人选型与软件不匹配，有可能导致定位偏差、操作错误、代码无法执行等问题。

③ 离线编程机器人的末端执行器与实际应用统一。除了机器人的型号、系统与离线编程软件适配，其末端执行器及应用功能也要与软件的仿真性能相统一。进行离线编程时，可以先利用UG、SolidWorks、PRO/E等3D设计软件进行CAD建模设计，然后将

所设计的3D模型导入离线编程软件（例如RoboGuide）进行编程转换与仿真模拟，只有虚拟场景中的执行器的设定与实际应用匹配时，才能够获得真实有效的模拟参数，从而更好地辅助工作人员进行调试、优化，而优化完成的CAD模型可以直接作为工程图纸导出，并落地实施。

④ 离线编程虚拟环境与实际环境统一。实际环境条件与虚拟环境参数的统一也是操作人员进行离线编程时需要关注的问题。工业机器人受到外部环境条件的影响可能有：因振动造成精密仪器的操作误差；特定作业场景中水流、风压等对机器人运动造成的阻力；因高温、潮湿导致机器人元件的损耗等。同时，需要考虑工业机器人的控制信号及气动元件的工作特性等；在复杂的作业环境中，需优先保证操作人员的安全。上述因素都需要在虚拟环境中有所体现。

离线编程可以在计算机系统中完成，所生成的控制程序（或设计模型）的定位精度比示教编程的精度更高，且对程序的调试或优化更为直观、便捷，有助于对运行结果进行提前预测干涉，并根据仿真模拟的碰撞实验数据调整机器人的运动轨迹。优化完成后，可以通过拷贝或网络直接将编程数据传输到工业机器人的控制系统中。离线编程的方法适应了工业机器人高效、智能的应用需求，目前在学校教学和生产实践中得到了快速推广。

6.2.3　自主编程技术

随着传感技术、数据处理技术的发展，应用于工业机器人领域的跟踪测量传感技术也进一步创新。以工业机器人的焊接作业为例，基于焊缝测量感知数据，在计算机控制下的焊接路径自主示教技术逐渐落地应用。概括而言，自主编程技术主要包括以下三个方面，如图6-5所示。

图6-5　自主编程技术

（1）基于激光结构光的自主编程

其基本原理是依托安装在机器人末端执行器上的结构光传感器采集到的传感数据，结合焊缝跟踪技术，对焊缝的中心坐标进行测量计算，构建能够完整表示焊缝轨迹的数据库，以此为依据控制焊枪的运动轨迹。

（2）基于双目视觉的自主编程

基于双目视觉的自主编程主要用于实现机器人自主路径规划，其基本原理是控制系统利用视觉传感器（如双目摄像机）识别焊缝图像，将其转换为可利用的编程数据，从而计算出焊缝轨迹路径，并自动调整机器人焊枪的位姿、方向和位移距离。

（3）多传感器信息融合自主编程

有研究者集视觉传感器、力传感器和位移传感器于一体，构建一个综合运用多种传感信息的自动路径生成系统，通过在视觉伺服中引入视觉、力、角度和位移等控制参数，依托于传感器反馈信息实现自动控制。该编程系统能够识别用记号笔绘制的信息，将其转换为机器人的任务执行路径。其中，视觉传感器辅助机器人识别并跟随线条轨迹，力传感器维持TCP点与工件表面受力均衡，位移控制器则使机器人维持正确位姿。

6.2.4　基于增强现实的编程技术

增强现实技术是虚拟现实技术的发展延伸，该技术能够实时计算出摄像机影像位置，其应用目标是实现虚拟信息与真实场景在物理空间中的融合与互动。该技术的应用，有助于强化用户对现实场景的认知，加强同现实世界的交互，激发其创造力，以虚拟技术赋能生产、生活的各个方面。增强现实技术在工业机器人领域的应用有着开拓性、革命性的意义。

增强现实技术基于现实环境与虚拟空间的交互性优势，可以为产线优化升级与工业机器人编程设计提供重要支撑。例如可以根据等比例缩小的飞机实物模型构建虚拟的飞机清洗机器人模型，在虚拟场景中设计飞机清洗机器人的程序，其中包括确定贴合飞机模型的运动轨迹参数和作业流程等，经过测试优化后，导入实物机器人的控制系统完成其编程设计。

基于增强现实的机器人编程技术能够在没有工件模型的情况下进行离线编程设计，操作人员可以依托于虚拟场景对不同的编程方案进行测试，并不断改进优化；在保证编程参数精度的同时，有效解决标定现实环境中可能存在的一系列技术难题。

第 7 章

工业机器人虚拟仿真

7.1 工业机器人虚拟仿真技术的应用

7.1.1 虚拟仿真技术赋能智能制造

随着新兴技术的蓬勃发展和经济环境的变化（例如用工成本增加、劳动力短缺等），工业机器人技术成为生产线自动化、智能化转型的重要驱动力。就现阶段来说，企业在进行产线升级与优化时，往往根据现有设备参数、流程工艺和产能数据等生产要素来进行产线设计，并通过底层需求反推出顶层设计方案。但这一方法并不直观，容易使设计者忽略部分重要细节，导致出现不合理的设备布局或不恰当的生产流程衔接等。

同时，生产企业在进行智能化转型的探索中，可能会面临各方面的困难，例如：生产工艺复杂，生产参数要求高，使得转型设计难度较高，产线规划比较困难，资金投入大，现场调试工作量大，研发、测试周期长，缺乏科学的转型目标评价标准等。由此，虚拟仿真技术的应用，可以辅助生产企业解决转型过程中存在的一系列问题。

虚拟仿真技术是利用计算机系统构建一个与真实情景高度相似的三维动态实景模型，该模型融合了多源信息，可以在虚拟环境中验证新的产线设计方案的可行性，并辅助完善设计规划细节，具体方法包括根据运行参数模拟产线的运行状态，分析设备的利用率和布局合理性，同时对生产目标进行预测与评估等，从而为产线设计方案的落地提供支撑。

虚拟仿真技术在中国的制造业转型过程中能起到重要的作用。随着人工智能技术、超级计算机技术、云机器人等技术的快速发展，创新型、智能化的生产工艺也在制造产业中迅速推广，但一些机器人厂商的仿真系统存在滞后性，难以跟上智能化工业机器人技术的发展步伐，在实际应用中存在对其他品牌兼容性较差、标准不统一、价格昂贵等问题。

由此，提高仿真系统的开放程度和兼容性、降低企业使用成本、强化在智能化场景中的应用性能，是仿真系统未来的发展方向。另一方面，基于数字经济时代下快速增长的智能产线仿真应用需求，虚拟仿真系统需要通过多学科的技术融合，提升构建各类虚拟场景的性能，从而更好地辅助产线智能化转型，提升产线设计、产线测试、产线优化等流程的效率，赋予智能工厂进一步发展创新的潜力。

7.1.2 全球主流的虚拟仿真软件平台

虚拟仿真技术的发展大致可以分为实物与物理效应仿真、模拟仿真、数字仿真和虚拟仿真等阶段。其中，对虚拟仿真技术的研究兴起于20世纪80年代，学者们在综合物理学、机械制造、电子计算机等领域的知识和生产实践经验的基础上，开发出了适用于机器人及其生产线的仿真软件。国外较为知名的仿真软件主要有：瑞典ABB机器人的RobotStudio，德国Siemens的Tecnomatix、KUKA机器人的SimPro、法国达索的DELMIA及日本FANUC机器人的RoboGuide、Yaskawa机器人的MotoSim EG等。

这些仿真软件的使用场景不同，通常能够支持多品牌机器人的仿真模拟需求；个别软件是基于工业生产活动的特定需求开发的，例如SimPro、Robotmaster等仅支持单个工作站离线编程与仿真模拟，RobotStudio、Tecnomatix等仿真软件则适用于机器人产线的仿真测试。

下面对全球主流的虚拟仿真软件进行简单梳理。

（1）Robotmaster

Robotmaster是一款来自加拿大的工业机器人编程软件，能够打造出具有可视化特点的交互式仿真机器人编程环境，并实现离线编程、仿真模拟、代码生成等功能，还可以在无须示教的情况下确定轨迹，为多个品牌的机器人提供服务，实现对机器人动作的自动优化。Robotmaster软件界面如图7-1所示。

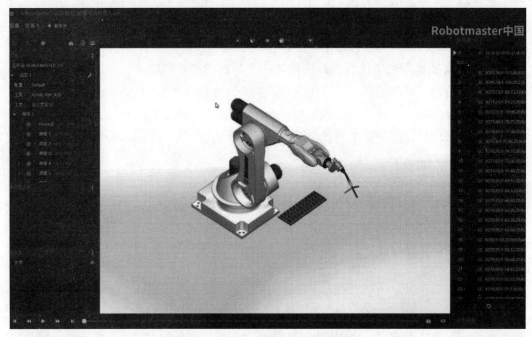

图7-1　Robotmaster软件界面

具体来说，Robotmaster的特点主要体现在以下几个方面：

① 优化。Robotmaster既能够以可视化的方式进行问题描述，也能最大限度优化策略，进而为用户提供最优的机器人程序，同时Robotmaster还具有完全交互的特性，能够在优化空间较小且不经过逐点干预的情况下为用户提供最佳解决方案。与试错调试相比，Robotmaster还可以在不依赖专业机器人知识的前提下提前对程序进行验证。

② 工作空间分析。Robotmaster可以在实时可视化和提前验证的基础上通过点击和拖动的方式高效处理机器人范围和工件位置问题。

③ 跳转点管理。Robotmaster在路径间跳转时能够有效避免碰撞，将节拍压缩到最短。

④ 三维曲线加工。Robotmaster具有十分强大的集成式三维曲线编程功能，用户可以在没有掌握计算机辅助设计（computer aided design，CAD）、计算机辅助制造

（computer aided manufacturing，CAM）等知识技能的情况下利用Robotmaster创建最优程序。

⑤ 外部轴管理。Robotmaster可以以集成式的方式管理所有的机器人单元，实现对导轨、旋转轴各类轴的有效控制，并对所有的工作进行编程和优化。

（2）Tecnomatix Process Simulate

Tecnomatix Process Simulate是一款制造工艺过程仿真工具，能够为企业内部共享制造过程信息提供支持，帮助企业提高制造过程的协同性，减少制造规划工作量，节约制造规划时间，同时Tecnomatix Process Simulate的应用也能提前在虚拟环境中对生产运行过程进行验证，以便提高过程质量。Tecnomatix Process Simulate界面如图7-2所示。

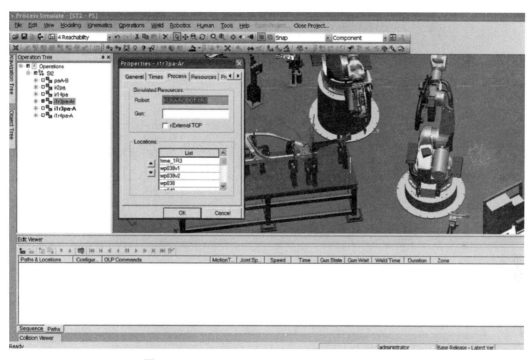

图7-2　Tecnomatix Process Simulate界面

具体来说，Tecnomatix Process Simulate主要由资源管理、生产管理、人力绩效、装配规划、零部件制造、工厂设计与优化以及产品质量规划与分析等各类相关软件构成，能够为用户提供具有以下特点的解决方案。

① Tecnomatix Process Simulate所提供的解决方案能够高效构建机器人安全配置应用程序；

② Tecnomatix Process Simulate所提供的解决方案能够获取到ABB、Comau、FANUC、KUKA、Yaskawa等机器人供应商的支持；

③ Tecnomatix Process Simulate所提供的解决方案具有3D可视化和安全概念验证功能；

④ Tecnomatix Process Simulate所提供的解决方案能够通过碰撞检测的方式对安全区的机器人运动进行验证；

⑤ Tecnomatix Process Simulate所提供的解决方案可以使用Excel格式的安全概念标准文档；

⑥ Tecnomatix Process Simulate所提供的解决方案能够在机器人控制器之间导入安全配置或导出安全配置。

（3）DELMIA V5

DELMIA V5是一款以PPR数据模型为核心的互动制造应用，能够反复进行工艺创新和验证，为企业协调各部门利用3D产品信息共同完成产品生产工作提供支持，并为产品制造过程中的各个参与方提供实时性的产品信息、工艺信息和资源信息，进而帮助企业减少成本支出，提高工作效率和产品质量，加快产品研发速度，压缩产品生产周期，强化各部门之间的协同能力以及企业自身的市场竞争力。DELMIA V5软件界面如图7-3所示。

图7-3　DELMIA V5软件界面

具体来说，DELMIA V5的特点主要体现在以下几个方面：

① 导航与协作。DELMIA V5具有导航、交流和协作等功能，能够为企业中的设计工程师等相关工作人员浏览和导航访问PPR数据及共享和查阅各项相关信息提供方便，同时相关工作人员也可以借助DELMIA V5来进行交流和协作。

② 工艺规划。DELMIA V5能够从产品的制造工艺和资源出发设计工艺流程图，并提前在产品设计概念初期于产品工艺流程图中展示工艺和资源之间的关系，为企业开展

产品的工艺与资源规划工作提供良好的环境。

③ 工艺详细设计与验证。DELMIA V5能够在3D环境中对产品的制造工艺进行详细定义，并借助几何模型验证工艺方法对产品的制造工艺进行详细验证，进而在工业制造领域充分发挥出工艺规划解决方案的作用。

④ 资源建模与模拟。DELMIA V5具有工艺规划、工艺详细设计、仿真解决方案生成等多种功能，能够对工装、机器、夹具、机器人、自动化设备等资源进行模拟和编程，为企业的产品研发、产品优化、资源建模等工作提供支持，并利用各项相关资源为企业构建一个全数字制造场景。

（4）RobotWorks

RobotWorks是基于SolidWorks开发出的一款专业化的机器人离线编程仿真软件，能够利用不同的方式生成机器人运动轨迹，并为外部轴提供支持，可广泛应用于日本FANUC、安川电机、川崎重工业、瑞典ABB、德国KUKA、法国Staubli等多种机器人程序中，为用户提供喷涂、倒角等服务。

一般来说，RobotWorks主要有以下几项特点：

① 兼容性强。RobotWorks能够为当前市场中的大多数工业机器人构建三维数据模型。

② 完美的仿真模拟。RobotWorks能够利用机器人加工仿真系统自动检查机器人手臂、工具和工件在运动过程中的碰撞情况和轴超限情况，并根据检查结果对运动路径进行优化，进而达到节约时间的效果。

③ 开放的工艺库定义。RobotWorks能够为用户提供全面开放的加工工艺指令文件库，用户可以根据自身的实际需求向机器人加工数据库中输入指令信息，进而为用户设置符合自身实际需求的工艺提供方便。

7.1.3　ABB RobotStudio虚拟仿真应用

仿真软件RobotStudio是工业机器人领域中得到广泛应用的、具有代表性的软件产品，其功能或技术的开发相对完善。该软件可以适配Windows系统环境，高效地规划出机器人的运动路径轨迹，并支持轨迹跟踪；在数据传输方面，软件生成的机器人RAPID程序可以通过U盘或网络直接传递到机器人系统中，大大缩短了编程时间、调试时间；可以实现对机器人TCP轨迹跟踪与碰撞检测，并对异常情况自动预警。随着生产技术的发展，传统的仿真软件已经难以适应快速增长的工业场景模拟应用需求，对三维建模等功能的开发越来越受到重视。以下将对仿真软件在不同领域的应用进行介绍。

（1）机械加工生产线中的仿真应用

工业机器人在机械加工生产线上的应用主要涉及机床上下料、装配、检测等环节，运用仿真软件，可以构建包含各个环节的虚拟仿真自动化生产线，如图7-4所示。图中所示的仿真产线包含了机器人上下料工作站、装配工作站、装箱工作站、供料工作站及管理工作站，分别应用了ABB的IRB 1410、IRB 910SC和IRB 140等不同型号的机器人。

图7-4　机器人机械加工虚拟仿真生产线

高度仿真的虚拟模型可以更为直观地展现各个生产环节的优化、运行情况。企业在改造或构建生产线时，可以先利用SolidWorks等软件设计出各个工作站的三维仿真模型，再将这些模型数据导入到RobotStudio软件中，完成整个生产线的布局；同时根据需求设定好工件坐标系、工具坐标系、I/O信号、SMART组件等支持数据或模块；完成机器人的程序编制后，即可进行仿真运行与测试。

机械加工仿真生产线可以支持模拟复杂轴类零件的加工情况，并完成机器人装配、装箱和加工质量检测等。工程师可以根据虚拟场景中机器人和机床等设备的运行情况（包括运动流程及相关监测参数等），对其动作、轨迹或运动方式进行优化，并调整其运动速度，以适应产线的生产节奏，获得更为科学、精确的优化设计方案。

（2）小型家电加工生产线中的仿真应用

在小型家电的加工流程中，机器人的参与度较高，这为流程优化、效率提升提供了重要支撑。以热水壶体部分的生产为例，在所构建的热水壶体自动化生产线虚拟情景，涵盖了管理、供料、成形、压铸、焊接、运输等环节的工作站，能够满足多方面的生产工序要求，如图7-5所示。

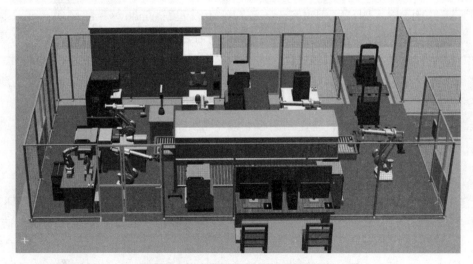

图7-5　热水壶体生产虚拟仿真生产线

操作人员只需要设定好目标生产量，整个产线系统（包括各类机器人）就可以按照预先设定的程序自动运行，完成取料、壶体成形、冲压等一系列工序，然后由AGV（automated guided vehicle，自动导引车）将成品运送到目的地。这一过程中，工作人员可以直观地看到整个生产流程和生产细节，从而对相关环节进行及时调整、优化。

（3）陶瓷产品生产线中的仿真应用

陶瓷生产作为中国最具有代表性的、有着悠久历史的产业门类，在现代智能制造技术的支撑下，也被赋予了新的内涵和活力。随着数字经济的发展，个性化、定制化的产品生产成为企业价值增长的重要途径。在智能化的陶瓷生产工艺中，可以将个性化的陶瓷图案、形态设计数据导入工业机器人系统中，实现小批量、高效率的定制化生产。如果应用RobotStudio、SolidWorks等软件设计陶瓷盘类虚拟仿真生产线，其生产流程包括：供料、压饼、压膜、干燥、打磨、喷釉、印章和烧窑等，每个工序都在对应的工作站完成，如图7-6所示。

图7-6　陶瓷盘类虚拟仿真生产线

在整个流程中，冲压装置可以为陶泥精准塑形，而机器风干的方法比原先自然风干的方法更为高效；此外，脱模、雕刻、打磨、喷釉等环节都可以依赖机器自动完成，再根据客户需求自动配色、绘制图案或雕刻镂花，最后加盖印章、码垛、进窑烧制，从而实现高效、快速的批量化生产。

（4）砚台制作生产线中的仿真应用

砚台制作也是古老的手工业门类之一，传统的砚台制作工艺较为烦琐，要经历选料、制坯、设计、雕刻、打磨、上蜡、亮光等工序，因为制作砚台的材料往往都具有较大的质量和硬度，人工雕刻与打磨需要花费大量的时间和精力。而将智能化产线引入砚台生产过程中，能够降低人工劳动强度，改善生产环境，大幅提高生产效率。

图7-7是运用RobotStudio软件设计的砚台生产虚拟仿真生产线，该生产线中涵盖了原石成形工作站、设计雕刻工作站、粗精打磨工作站、水洗上蜡工作站等。

具体工艺流程为：先将不规则形状的毛坯原石材料切割为大小适宜的石坯，然后利用机器人雕刻出规定的图案，经过由粗到精的打磨工序后，将砚台放入自动水洗机清洗，再进行风干、打蜡等，最终将成品进行质量检测、包装和入库。

图7-7　砚台生产加工虚拟仿真生产线

7.1.4　Tecnomatix虚拟仿真应用

Tecnomatix是Siemens PLM Software提供的数字化制造解决方案，在该系统中，集成了工艺过程仿真、局部规划设计、验证执行等功能，可以通过构建单个工作站、整条生产线或操作工序的三维模型，实现在虚拟环境下的制造工艺流程设计，并根据仿真单元中的参数信息对机器人的任务、编程进行调整与优化，验证生产制造流程的可行性。

例如，在广东交通职业技术学院利用西门子NX12.0系统建立的"工业4.0"智能制造仿真生产线三维模型中（图7-8），所有设备以1∶1的比例还原，并利用Tecnomatix的Plant Simulation完成布局。

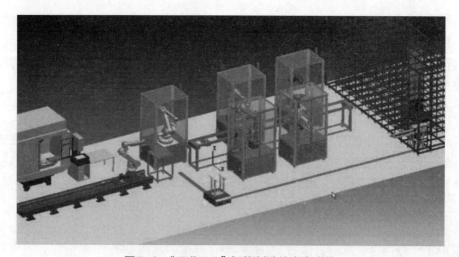

图7-8　"工业4.0"智能制造仿真生产线

在进行产线设计时，可以基于该模型数据对生产工艺、生产流程、搬运、物流等环节进行评估和优化，从而减少在产线建设时资金、时间、人力的损耗。当设计方案完成后，可以利用 Process Simulate 进行生产线仿真运行，进一步处理产线运行过程中存在的问题，对相关细节、工艺、设备进行调整。同时，提前编制好机器人的任务程序，为产线落地实施做准备。

通过 Tecnomatix 完成仿真模型的设计与测试后，即可进入智能化生产线的落地阶段。产线中所应用的机器人，可以基于各类传感设备自动采集的数据信息，实现生产、控制、数据传递与仓储物流等方面的自动化作业。目前，已经有诸多实践经验表明：在产线设计中应用虚拟仿真技术，不仅能够提高设计效率，保证设计方案的科学性、合理性，还有利于降低产线落地应用过程中带来的安全风险和成本投入。

在"工业4.0"智能制造的背景下，在产线上运用的主流机器人品牌有：ABB机器人、FANUC机器人、Yaskawa机器人和KUKA机器人等，所涉及的工序则包括智能加工工作站、机器人激光切割工作站、机器人上下料工作站、机器人打磨工作站、SCARA机器人激光打标工作站、机器人装配工作站、AGV智能物流系统、MES系统及工业交换机和总控系统等。具体组成结构如图7-9所示。

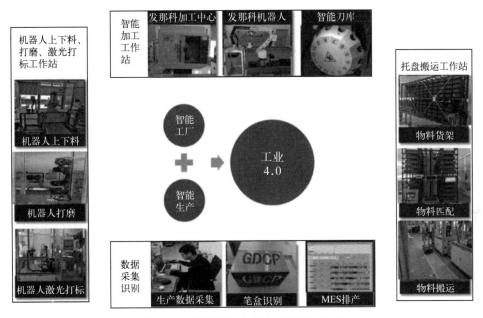

图7-9　智能制造实体生产线结构组成

智能加工工作站的工作内容主要是进行工件底座机床加工、搬运和测量等，例如以地轨传动作为驱动力，将位于中转台的工件底座搬运至数控机床并进行二次定位、加工；加工完成后则转移到测量工位进行测量；测量完成后将工件底座送回中转台，该工作站的工作结束。该工作站常用的机器人型号为 FANUC M-20iA 六轴机器人。

托盘搬运工作站主要利用AGV智能小车与托盘完成相关工件或物品的流转。其中可能涉及三种情况：一是机器人通过AGV智能小车运送到吸取点的托盘进行二次定位；二是AGV智能小车将载有工件底座的托盘运送至相应工序的工作台进行后续加工；三是在作业完成后，AGV智能小车接收来自机器人吸取点的托盘，以备入库或继续流转。

该工作站常用的机器人型号为ABB IRB 1410六轴机器人。

机器人激光切割工作站的主要任务是根据预设编程利用氧焰激光或高压水刀对工件进行切割，该工作站常用的机器人型号为KUKA KR10 R1420。

机器人打磨工作站的主要任务即是根据不同的精细度要求对工件或产品零部件进行打磨抛光。该工作站常用的机器人型号为FANUC M-10iA六轴机器人。

SCARA机器人激光打标工作站的主要任务是通过光纤激光或紫外激光在工件上打出相应标识或预设内容，其中需要运用到激光标刻镜头等。该工作站常用的机器人型号为ABB IRB 910SC四轴机器人。

机器人装配工作站的主要任务即是完成工件或产品零部件的装配工作，该工作站常用的机器人型号为MOTOMAN-MH12六轴机器人。

该智能制造生产线中的机器人工作站一般是由外部主控系统自动控制，相关控制指令通过主控柜的主控PLC中转、传输，从而控制机器人启动、暂停、报警或停止。另外，可以通过SCADA系统和生产制造执行系统（MES）采集数据或下发指令，并构建包含设备、生产工序、生产参数的三维仿真模型，以智能虚拟技术赋能现实场景的生产线优化。

智能制造生产线可以为各个供需环节提供重要支撑，从利用移动终端生成生产订单，到MES订单分配，再到总控系统控制下的订单排产，其自动化、智能化优势得以充分体现。具体实施工艺流程如图7-10所示。

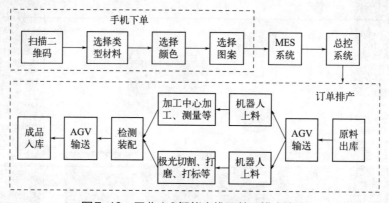

图7-10　工业4.0智能产线下单、排产流程

7.2　基于RobotStudio的机器人码垛系统设计

7.2.1　机器人码垛系统总体方案设计

码垛就是整齐地堆叠物料，工厂可以通过码垛的方式对物料进行单元化管理，进而为物料的存储和运输提供方便。近年来，经济快速发展，各行各业的生产节奏不断加快，各项工业生产活动对码垛速度和码垛质量的要求也不断升高，传统的码垛方式存在成本高、效率低、环境适应性差等不足之处，难以充分满足当前经济发展在码垛方面的要求。码垛机器人具有安全性高、可靠性强、工作效率高等优势，其在工业生产活动中

的应用能够帮助工厂减少在人力和物力方面的成本支出，为经济的快速发展提供助力。

随着工业生产的规模不断扩张，工业机器人在各项生产活动中的应用越来越广泛。工业机器人在工业生产中的应用能够有效提高码垛速度和码垛质量，进而达到提升物流效率的目的。为了有效推进工业机器人在各项工业生产活动中的落地应用，企业需要积极探索新的应用方案，通过离线仿真编程的方式来为工业机器人的落地应用提供支持。

例如，码垛机器人大多借助RobotStudio进行运动仿真验证和离线仿真编程，以便优化系统设计，灵活调节机械手，高效完成机器人运动轨迹规划。

（1）机器人码垛系统总体方案设计

机器人码垛工作区可以在输出时将输送机等流水线上的设备所输入的已经打包好的货物整理成整齐的货物垛型，进而为企业相关工作人员利用叉车、托盘机、输送链等搬运设备运输货物提供方便。

机器人码垛系统可以广泛应用在各个不同领域的工业生产线中。以饮料加工生产线为例，码垛机器人可以在机器人码垛工作区将在生产线上已经完成灌装、装箱、封箱和滚码等工序的饮料箱按照品类进行码垛，并其搬运到仓库中。

机器人码垛系统平面规划图如图7-11所示。

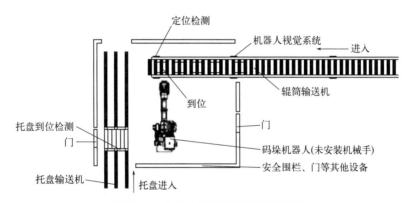

图7-11 机器人码垛系统平面规划图

（2）机器人码垛输送系统

工厂的流水线可以将已经形成箱形的物料输入到机器人码垛工作区中，而机器人码垛输送系统可以利用辊筒输送机来完成物料输入工作。

具体来说，辊筒输送机主要由机架、支架、传动辊筒和驱动部分等相关设备构成，具有载荷大、结构简单、可靠性高、使用便捷、维护方便、承重能力强、抗冲击能力强等诸多优势，能够在大重量单件物料的运输中发挥重要作用。

（3）选型码垛机器人

对机器人来说，码垛需要反复扭转机械臂，尤其是搬运重物时机器人需要负载的货物重量较大，因此企业在机器人的承重方面要求较高。一般来说，当物料的重量处于20～40kg时，六自由度机器人是企业的最佳选择。从系统设计方面来看，码垛机器人需要有较高的重复精度，但在防护方面的要求并不高。由此可见，符合以上情况的工厂可以使用ABB集团推出的具有大负载特点的六自由度机器人。

ABB IRB 6640是一款具有高产能、高载重、高清洁性、高稳定性等优势的机器人产品，能够广泛应用于多种类型的机器人中，可高效完成点焊、上下料和物料搬运等工作。ABB IRB 6640具有较大的有效载重量，能够充分满足工业生产对机器人载重的要求。同时，ABB IRB 6640还具有惯性曲线特性，能够将有效荷重提升至235kg，因此常常被应用到各类用于重型物料搬运的机器人中。除此之外，ABB IRB 6640还具有设计紧凑、维护难度低、生产效率高等诸多优势，能够自由弯曲手臂，从而进一步扩大工作范围，满足各类工艺的要求，并广泛应用于多种应用场景中。

第二代TrueMove具有自由化运动控制功能，QuickMove具有分类管理功能，因此ABB IRB 6640可以利用第二代TrueMove和QuickMove来强化自身性能，进而达到优化路径精度和提高运动精度的目的。具体来说，ABB IRB 6640的性能参数如表7-1所示。

表7-1 ABB IRB 6640机器人的性能参数

机器人类型	ABB IRB 6640
承重	130kg
工作范围	2.8m
重心	300mm
重复定位精度	0.07mm
结构	关节型
自由度	6
电源电压	200～600V，50/60Hz

（4）机器人码垛信号处理系统

一般来说，机器人码垛系统主要由辊筒输送机、码垛机器人、托盘输送机等多种设备和电气元件、驱动元件及检测元件等多种元件构成。为了确保机器人码垛系统能够全年不间断工作，相关人员在系统设计环节需要提高系统的可靠性。从系统的功能和工作原理上来看，气缸、电机、控制柜、光电传感器、可编程逻辑控制器等设备是码垛机器人控制系统的主要组成部分。

码垛机器人在开展码垛工作之前需要先对码垛动作轨迹进行调试，并通过与可编程逻辑控制器（programmable logic controller，PLC）连接的方式完成信号交互，以便实现与码垛生产线的协调配合。由此可见，码垛机器人开发人员不仅要灵活运用机器人编程相关的知识技能，还要为机器人设计与PLC相连的控制系统，赋予机器人码垛信号处理功能。

输入/输出（input/output，I/O）连接是机器人码垛信号处理系统常用的一种连接方式。具体来说，PLC可以借助I/O模块连接位于机器人码垛区域中的机器人和设备，并向这些机器人和设备传输指令信号，进而实现对机器人和设备的开启、关闭和暂停的有效控制，除此之外，PLC也能控制其他相关物流设备，并采集机器人和设备的状态信息。机器人码垛控制系统如图7-12所示。

图7-12 机器人码垛控制系统示意图

7.2.2 机器人码垛运动仿真与优化设计

近年来，工业机器人的应用越来越广泛，工业领域对机器人码垛运动仿真和优化设计的需求也越来越高。码垛机器人系统通过软件模拟的方式来仿真模拟机器人码垛运动动作，有助于优化机器人系统设计，精准判断货物的可到达性，明确循环时间，进而达到提高机器人规划路径的可执行性的目的。

机器人可以借助离线编程提高生产效率。具体来说，机器人可以利用仿真功能对实际工作情况进行模拟，并根据模拟情况判断方案的可行性，以便有针对性地优化设计方案，节约研发时间。

（1）RobotStudio功能分析

RobotStudio是一款功能强大的机器人仿真编程工具，能够为用户对机器人进行离线编程和三维仿真提供方便，同时工程师也可以利用RobotStudio开发新的码垛机器人应用。具体来说，RobotStudio主要具有如表7-2所示的功能。

表7-2 RobotStudio的主要功能

主要功能	具体内容
CAD格式数据导入功能	RobotStudio能够与机器人应用系统所需组件的3D模型数据相关联，并在此基础上生成高精度的机器人RAPID程序，帮助企业实现产品的高质量生产
自动路径生成功能	RobotStudio能够利用待处理部件的CAD模型快速自动生成跟踪曲线所需的机器人位置，提高这项工作任务的执行效率
自动分析延展功能	RobotStudio具有操作灵活的优势，能够为操作者针对现场的实际情况动态调节机器人和工件的位置提供方便，让操作者能够高效控制机器人和工件到达指定位置，并快速完成工作单元布局验证和优化等工作
碰撞检测功能	RobotStudio能够验证和确认机器人运动过程中可能会出现的碰撞，并及时解决各项隐患，避免机器人在运动过程中与其他设备碰撞，充分确保机器人的安全性，以及利用离线编程所编写的程序的可用性
在线作业功能	RobotStudio能够通过与机器人连接通信的方式来简化文件传送、备份恢复、机器人监控、修改机器人程序、设定机器人参数等工作，为相关工作人员调试和维护机器人提供方便

（2）机器人码垛运动轨迹仿真

RobotStudio能够同时处理机器人编程工作和生产系统及工具的建设工作。具体来说，RobotStudio所应用的离线虚拟仿真机器人技术中的代码具有精度高以及与实际控制器中的代码之间的一致性高等特点，因此RobotStudio能够在不经过翻译的情况下快速将代码下载到实际控制器当中。除此之外，RobotStudio还可以通过离线编程的方式来提高解决方案和布局的可确认性和可视化程度以及路径的精确度，从而达到有效规避风险和获得高质量部件的目的。

在RobotStudio中，机器人运动路径的精确度受插补点数量的影响，因此企业可以通过在机器人运动路径中插补目标点的方式来提高机器人运动路径的精确度。除此之外，企业还可以通过调整机器人的轴配置以及机械手的姿态的方式来提高机器人运动路径的平滑程度，以便充分确保编程的精度。同时，RobotStudio也可以充分发挥仿真功能的作用对机器人的运动效果进行检查，并利用人力来优化调整机器人运动路径。

示教器也叫"示教编程器"，是一种应用于机器人手动操纵、程序编写、参数配置和监控的手持式装置，且能够助力RobotStudio实现人机交互。控制柜实体按钮具有启停功能和远程操作功能，能够控制机器人开启、关闭和停止，程序员在进行示教时需要通过触摸示教器完成示教编程工作，同时也可以利用示教器实现远程操作。

7.2.3 机器人码垛工作站虚拟仿真设计

在工业领域的生产线中，机器人码垛工作站一般分布于最末端，其职责主要包括将已经完成的工件码垛、输送生产线剩余材料等。进行机器人码垛工作站的虚拟仿真设计就需要重点关注以下几个方面。

（1）工作站布局分析

机器人码垛工作站可以按照如表7-3所示思路进行布局。

表7-3 工作站布局分析

序号	布局思路
1	利用RobotStudio等工具进行码垛工作站的仿真虚拟设计，同时以PLC为核心对码垛工作站的运行流程进行控制
2	机器人的末端执行器可以安装吸盘或其他便于拿取相应物体（比如周转箱）的工具，然后将其转移至输送链进行输送
3	当被操作的物体已经传送完成后，安装于末端的传感器可以检测获得相关信息并将信息发送至机器人操控系统，使其能够进行新一轮拿取与传输
4	当任务要求的产品数量均输送完毕后，机器人会根据操控系统的提醒停止相应操作

（2）输送链组件设计

对于机器人码垛工作站的输送链的虚拟仿真设计可以按照如表7-4所示思路。

表7-4 输送链组件设计

序号	设计思路
1	利用RobotStudio等工具进行码垛工作站的仿真虚拟设计，同时添加SMART组件进行货物的复制，从而对输送链的运转过程进行动态模拟
2	为了保证添加的货物具有相同的属性，与实际应用场景中的货物特性符合，需要依据队列Queue执行复制命令

序号	设计思路
3	当货物被输送至输送链的末端时，安装于末端的传感器需要对其进行感知，因此可以使用线性运动组件Linear-Mover与平面传感器（plane sensor）模拟传感器的接触控制过程
4	对于ABB机器人来说，由于其低频与高频切换的过程动作无法持续，因此需要进行取反操作，对此可以添加逻辑反组件，完成机器人码垛动作的仿真

（3）输送链信号连接

对于机器人码垛工作站的输送链信号连接的虚拟仿真设计可以按照如表7-5所示思路。

表7-5 输送链信号连接设计

序号	设计思路
1	利用RobotStudio等工具进行码垛工作站的仿真虚拟设计，同时添加SMART组件进行信号连接
2	在输送链的周转箱和货物托盘位置放置信号，需要注意的是I/O信号为基础信号
3	基于传输链的逻辑值以及对应信号进行信号连接，该过程能够使得组件信号实现交互

以上输送链信号连接的虚拟仿真设计实际上就是使得传感器在监测信号后能够进行产品复制，且在接收货物信号后传递相关的信息并指挥机器人的相关操作。

（4）机器人信号板卡设计

机器人信号板卡的虚拟仿真设计需要使用DSQC652通信板卡。首先，需要在机器人的相应位置设置I/O板块，以使得其能够与外界的I/O信号进行连接。从机器人码垛任务的执行程序来看，此处的I/O信号依次包括机器人在拿取物体时的吸盘动作控制信号、进行托盘更换时的数据恢复信号、物体被传输至输送链末端的传感器感应信号以及物体被转移至托盘后到位信号。

（5）工作站虚拟仿真分析

综合以上的内容，机器人码垛工作站的虚拟仿真设计，首先需要设置相关组件、搬运工具坐标系以及I/O通信，然后可以借助RobotStudio等工具进行仿真分析。具体的仿真过程，可以为机器人设置托盘产品装运、固定格式码垛以及碰撞测验等。根据仿真分析的结果，能够发现机器人在码垛工作中可能存在的程序、动作等方面的问题，然后对应相关的问题可以调试机器人的参数或部件。

7.3 基于RoboGuide平台下仿真环境设计

7.3.1 RoboGuide功能模块与仿真步骤

日本发那科公司（FANUC）为了提升数控机床的技术水平，推出了机器人仿真软件RoboGuide。

通过内置FANUC机器人的模型数据及外围设备数据库，RoboGuide软件能够在系统构建的三维虚拟世界中模拟对应真实机器人的运动轨迹，并通过对周围设备的分析，验证相关方案的可行性。与直接利用真实机器人进行演练相比，RoboGuide能够更为高效便捷地进行相关机器人系统的设计，提高系统方案设计的效率，并根据需要进行程序优化和故障诊断。

（1）RoboGuide的功能模块

① 常用模块。RoboGuide的主要功能之一是对机器人动作的模拟仿真，因此其常用功能模块主要包括如表7-6所示内容。

表7-6　RoboGuide的常用模块功能

常用模块	主要功能
HandlingPRO	对应机器人物料搬运动作的模拟仿真
PalletPRO	对应机器人码垛动作的模拟仿真
PaintPRO	对应机器人喷涂动作的模拟仿真
WeldPRO	对应机器人弧焊、激光切割等动作的模拟仿真
ChamferingPRO	对应机器人去毛刺等动作的模拟仿真

② 其他模块。除上面的常用模块外，RoboGuide还拥有如表7-7所示的功能模块。

表7-7　RoboGuide的其他模块功能

其他模块	主要功能
iRPickPRO	该模块的主要功能为视觉呈现，在设置并创建Workcell后，就能够将对应一台或数台机器人抓放工件的工作以实时3D视图的方式呈现出来，并持续视觉追踪机器人的相关动作
MotionPRO	该模块的主要功能为运动优化，一方面为路径优化，即保证机器人的运动路径不会偏离预设的区域；另一方面为节拍优化，即保证机器人的电机维持在预设的负荷范围
4D Edit	该模块的主要功能为编辑，通过将真实机器人的3D模型导入示教器，其就能够结合1D内部信息显示4D图像

③ 扩展插件功能。除上述功能模块外，为了支持机器人动作模拟仿真和系统布局设计，RoboGuide还具有如表7-8所示的扩展插件功能。

表7-8　扩展插件功能

扩展插件	主要功能
Coordinated Motion插件	该插件能够协调机器人的运动，比如使得焊接机器人的动作更加准确、稳定，从而提高焊接质量
Line Tracking插件	该插件能够满足机器人的直线追踪需求，比如当工件随导轨运动时，插件可以支持机器人将其视作相对静止状态，从而保证流水线的操作效率
Spray Simulation插件	该插件可以应用于机器人的喷涂操作中，通过建立喷枪模型，精准模拟可能出现的喷涂效果，进而分析喷涂方案的可行性
能源评估功能插件	该类插件可以从能源消耗的角度进行程序优化，减少能源消耗
寿命评估功能插件	该类插件可以从寿命评估的角度进行程序优化，比如设定一个理想的机器人寿命值，然后保证节拍最短；再比如设定一个合理的节拍范围，保证减速机寿命最长

（2）RoboGuide的仿真步骤

RoboGuide对机器人工作的模拟仿真主要基于以下步骤。

① 仿真系统搭建。RoboGuide能够模拟仿真机器人工作的重要基础有两点：其一，RoboGuide能够构建一个便于演示的3D虚拟空间；其二，RoboGuide中内置包括FANUC机器人模型、外围设备，以及相关工件等数模的3D模型库。在搭建仿真系统的过程中，如果RoboGuide内置的3D模型库数据不足，也可以从外部导入3D数模。

② 方案布局设计。在搭建完成仿真系统之后，RoboGuide就可以对相关方案布局设计的合理性进行分析。该步骤主要着眼于两个方面：其一，通过对机器人示教，保证机器人处于限位范围内，从而控制机器人的工作状态；其二，通过对机器人运动范围的实时显示，保证机器人与外围设备相对位置的合理性，避免机器人的工作受到干扰。

③ 干涉性与可达性分析。确定机器人远离限位位置并保持与外围设备的相对位置，体现了方案布局设计的合理性。但除此之外，对机器人工作的仿真模拟还需要分析机器人工作的干涉性和可达性。其中，干涉性指的是机器人在运动过程中应该避免与外围设备、安全围栏以及夹具等之间的干涉，可以通过设置RoboGuide软件中与碰撞冲突相关的选项实现；而可达性指的是机器人应该能够顺利获取工件，对此可以通过调整机器人与对应工件的相对位置实现。

④ 节拍计算与优化。生产节拍是能够体现机器人工作性能的重要指标，在RoboGuide对机器人工作的模拟仿真中，生产节拍的计算与优化也是必不可少的环节。通过对机器人的相关工艺、运动速度等进行综合分析，能够较为准确地估算机器人的生产节拍，并根据需要优化生产节拍。

⑤ 离线编程。工业机器人的操作环境和任务内容通常不是恒定不变的，对于较为复杂的加工轨迹，为了有效提高工作效率，就可以采用离线编程功能，将RoboGuide软件生成的相关程序应用于真实机器人的操作系统中。

7.3.2　基于RoboGuide的建模设计

要支持机器人系统的模拟仿真、实现机器人的离线编程等，RoboGuide首先应该能够创建满足需求的虚拟仿真环境，并在此虚拟环境中进行方案布局设计。不过，在正式使用RoboGuide软件进行仿真环境设计前，需要根据需要将涉及的工件、上下料架台、机器人手爪等利用Pro/E或CAD等进行建模，并将模型数据导入RoboGuide软件数据库中。便能够建立Workcell工作单元，模拟机器人的上下料等操作。

（1）工件模型设计

在RoboGuide构建的虚拟仿真环境中，涉及的工件主要包括成品件、半成品、毛坯件等，利用Pro/E能够对这些工件进行建模。这些工件主要具有如下特点：

① 相关成品件和毛坯件一般采用旋转体结构，其中结构的左端用于沟槽，右端用于镗孔；

② 机器人在操作时通常先加工右侧镗孔端，再加工左侧沟槽端，以便装夹；

③ 机器人通常在对工件进行加工后还需要二次深加工，从而提升工件的精度。

（2）上下料架台模型设计

为了便于机器人上下料的操作，上下料架台为带有滚轮的能够输送零部件的架子，如图7-13所示。

图7-13　上下料架台模型设计

上下料架台主要具有如下特点：

① 上下料架台并非标准工件，具体尺寸可以根据需要进行调整，不过架台仍具有一些固定的特点，比如，台面为正方形，零部件需要整齐排列在上面；

② 要保证零部件放置于工作架台之上而不会发生位移，就需要在架台两侧设置挡板，而且通过调换加工挡板，还可以满足不同零部件的加工需要，提高操作架台的利用率；

③ 上下料架台的支承柱需要满足零部件的承载需求，较为常用的支承柱材料如工业铝型材（欧标）40系列，在具体应用过程中可以根据需要决定支承柱的长度。

在对上下料架台进行建模设计时，用于放置零部件的台面和支架均可以使用拉伸指令进行设计，然后根据实际需要建立圆孔拉伸切除材料等。

（3）机器人手爪模型设计

对工业机器人的结构进行分析，可以发现手爪是其最为重要的部件之一。机器人的手爪不仅能够直接接触操作对象，而且需要进行抓放等操作，因此手爪的性能对机器人的整体性能起到了决定性作用。

目前，在工业机器人领域，比较常用的手爪为平行型气动手爪，这种手爪不仅体积小巧、运动灵活，而且非常适合对圆柱结构工件进行操作。利用 Pro/E 能够对机器人手爪进行建模，在建模完成后便能够导入 RoboGuide。

机器人完整的手爪结构不仅包括手爪本身，也包括与手爪相连的手臂。作为手爪的相关配件，手臂能够保证手爪灵活准确地抓放工件，因此机器人手爪的模型设计也应该包括手臂的模型设计。此外，为了便于对机器人的操作过程进行模拟仿真，机器人手爪的模型设计还需要包括手爪打开和手爪闭合两种不同状态的模型设计。

（4）建立 Workcell 工作单元

在完成以上相关建模设计后，就需要建立一个 Workcell 工作单元。具体来说，首先，基于机器人需要执行的操作选择搬运指令系统软件；然后，根据实际情况选择对应的机器人、零部件、工件等的类型，并在 RoboGuide 的虚拟环境中构建对应模型，从而模拟机器人的操作。

7.3.3　基于 RoboGuide 的虚拟工厂环境设计

大数据、云计算、数字孪生等技术的发展，为工业制造领域的数字化、智能化转型提供了重要的技术基础。将数字孪生等技术应用于生产制造领域，对真实的生产过程进行模拟仿真，不仅有利于推动生产优化和产品研发，还能够有效降低人工成本。

为顺应"工业 4.0"和"中国制造 2025"，工业机器人在我国智能制造领域的应用正逐步推进，通过借助 RoboGuide 等软件模拟机器人的操作流程和工厂环境，能够在虚拟三维空间中呈现接近于真实的生产过程，如此，工作人员便能够高效地发现设计方案可能存在的问题，从而有针对性地进行优化和修正。与传统的方案改进方式相比，基于 RoboGuide 的虚拟工厂环境设计不仅效率得到极大提升，调试所需的成本也大为减少。

基于 RoboGuide 的虚拟工厂环境设计应该包括对机器人及其操作环境中相关物体的设计，只有对机器人真实运作过程中涉及的所有因素均进行建模设计，才能够保证仿真操作的有效性和准确性。具体来说，首先，需要将工厂环境相关因素的模型数据导入 RoboGuide 系统；其次，规划并设置机器人的运行轨迹和操作参数；最后，完成对虚拟工厂运行环境的模拟仿真。

（1）导入工装设计模型

在 RoboGuide 的虚拟环境中模拟机器人的操作过程，首先需要导入相关的工装设计模型，比如产品、毛坯件、上下料台、数控加工机床等。由于工业机器人在正常运行的过程中，通常需要一定的移动区域，因此布局虚拟环境时必须兼顾机器人的工作空间，上述提到的数控加工机床等也需要设置于机器人的工作空间中，且相互之间应该保持合理的相对位置。

以 CJK6140 数控车床为例，该型号的数控机床能够兼容多种尺寸和形状的零部件，因此在工业制造领域应用较为广泛。当需要利用 RoboGuide 模拟工业机器人的操作过程时，就可以首先在虚拟环境中划定机器人的工作空间，然后根据空间设计布局调整 CJK6140 数控车床的位置，并保证其与其他工装设计模型之间的相对位置合理。然后，就可以导入毛坯件和成品件设计模型，并进行后续的模拟操作。

（2）导入外围设备设计模型

除需要导入上述的工装设计模型外，基于RoboGuide的虚拟工厂环境设计还需要导入外围设备设计模型。

以围栏为例，工业机器人在操作过程中通常需要添加围栏，这样一方面能够尽可能避免外来因素干扰工业机器人的正常运行，减少运行事故发生的概率；另一方面也能够避免工业机器人与工作人员的碰撞，保证工作人员的人身安全。因此，利用RoboGuide模拟工业机器人的运行环境，也需要导入围栏的设计模型，并根据设计方案使围栏处于合理位置。需要注意的是，机器人控制柜作为机器人的附属装置，应该设置于围栏外侧，如图7-14所示。

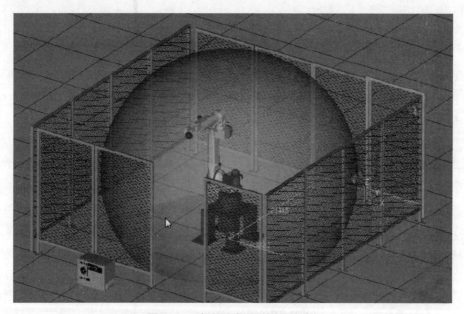

图7-14　机器人与围栏位置示例

当基于RoboGuide的虚拟工厂环境设计完成后，就能够模拟工业机器人的工作过程。这种在虚拟三维空间中的模拟，可以辅助生产线设计人员等评估生产线的可行性、合理性，并根据存在的问题对生产线进行持续优化，从而使得生产线的智能化程度不断提升。

第 8 章

焊接机器人技术与应用

8.1 焊接机器人的基础知识

8.1.1 焊接机器人的发展历程

　　焊接机器人作为应用最广泛的工业机器人类型之一，其发展线索几乎与关节机器人技术的发展同步，1959年第一台工业机器人诞生之初，就迅速投入焊接作业的应用中。从整体上看，焊接机器人有着高可靠、高效率、高灵活性的特点，为生产活动价值创造提供了有力支撑，随着技术的进步，焊接机器人的应用性能也不断扩展，从最初的点焊逐渐扩展到弧焊、激光焊等功能。

　　焊接机器人取代人工，使作业人员远离了高危险、高疲劳的劳动环境，节约了人力成本，使生产安全性得到提升。焊接机器人在生产实践中的应用体现出如表8-1所示的特点。

表8-1　焊接机器人的应用特点

应用特点	具体内容
焊接质量方面	焊接机器人基于合适的参数设定，可以提高焊接质量，并保证稳定的质量水平。同时，该方法可以有效避免人为因素（例如焊接速度、焊丝延伸长度等不一致）带来的负面影响
生产效率方面	高速化、高效化焊接技术的应用使劳动生产率大大提高，人工焊接已经不再适应现阶段的效率需求；同时，机器人可以实现24小时不间断作业，从而进一步提升了生产效率
生产规划方面	自动化产线上机器人的作业频率是相对固定的，因此可以精确地安排生产计划，确定生产周期
资源配置方面	焊接机器人的应用有利于节约人力资源，整个焊接环节只需要少量工作人员进行管理和控制；随着机器人制造技术的发展，其单机价格也将不断下降，从而缩减资金成本

　　工业机器人的密度是评估制造业自动化程度的关键指标之一。根据国际机器人联合会（International Federation of Robotics，IFR）发布的报告显示，2021年，全球制造业机器人密度的平均值为141台/万人，中国322台/万人的密度位居世界第5，这一数字不仅超过了世界平均值，还超过了同年美国的工业机器人密度水平，美国2021年为274台/万人。焊接机器人作为工业机器人的重要分支，其密度也在不断增长。目前，焊接机器人主要应用于电气电子设备制造和汽车制造等行业。

　　随着机器人技术的迭代发展，第一代焊接机器人的应用已经较为成熟，功能趋于完善，其成本也有所下降，这有利于为企业带来更大的经济效益。但第一代焊接机器人的应用性能也存在局限性，例如在实际焊接过程中，不能感知到工件装配或加工存在的误差，无法自适应调整焊接位置；另外，焊接时产生的热变形也是影响焊接质量的因素之一。

　　基于焊接精度、焊接质量的要求，人们又在焊接机器人上集成了传感技术——产生了第二代焊接机器人。第二代焊接机器人可以根据实时反馈的数据进行自适应调整，从而提高了焊接精度。目前，焊接机器人的传感方式主要有激光视觉传感、接触式传感、焊缝识别、电弧传感识别等，这些技术还处于发展期，还需要在生产实践中不断改进，产品成本也相对较高。随着数字化技术的发展，第二代焊接机器人在不久的将来有望实现大规模推广应用。

8.1.2 工业焊接的原理与方法

焊接技术作为一种综合性先进技术，融合应用了工程力学、电工电子学、机械学、自动化控制和材料学等多个学科的知识。而完成焊接作业的物质基础——工业焊接设备，是一种能够完成焊接能量转化，连接金属，使其具备给定功能结构的制造设备，在工业领域有着广泛的应用，例如在桥梁、建筑、船舶、机械、压力容器、管道、电力电站等设施建设和车辆、家电、五金等产品生产活动中，辅助进行铝合金、钢材或其他有色金属加工。

根据焊接的具体原理，可以将焊接方法分为熔焊、压焊和钎焊等三类，具体还可以进一步细分，如图8-1所示。

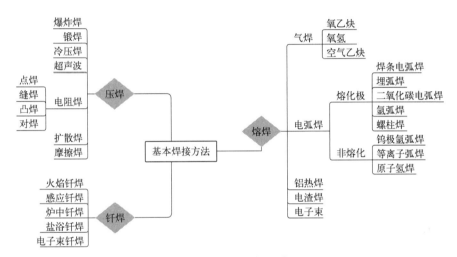

图8-1 基本焊接方法

下面我们对熔焊、压焊和钎焊的方法进行简要介绍。

（1）熔焊

熔焊是一种利用高温使金属工件接触面熔化，从而连接在一起的焊接方法。其中最为常见的是电弧焊，即通过电弧放电产生热量来融化金属并使其相互连接。熔焊具有高效、可靠、适用范围广的特点，能够处理多种类型的金属材料（包括铝合金、钢铁、铜合金等），但需要熟练的操作技能以确保焊接质量；其局限性在于：焊接时需要消耗大量的焊接材料，产生的热量和光弧可能使操作者受伤，熔焊带来的有毒气体或烟尘也不利于人体健康。

（2）压焊

与熔焊不同，压焊是一种利用压力来使金属表面紧密接触以实现连接的方法，但并不会使金属熔化。压焊中的电阻点焊方法最为常见，焊接时向金属材料输送电流产生电阻，电阻可以使金属发热软化，然后通过压力使表面塑性变形，从而更紧密地连接，这也属于热压焊的范畴。压焊也具有对金属材料适应性强的优点，且不会产生有毒气体或烟尘等有害物质。但压焊也有着较高的操作要求，同时还要消耗大量的电力。

（3）钎焊

钎焊是一种通过引入中介材料——"钎料"，来实现金属连接的焊接技术。钎焊的关键是钎料的熔化温度低于被连接的金属工件，因此在钎焊过程中被连接的工件不会熔化，钎料会在工件接口表面形成一层薄膜，促进工件连接。钎焊的优点包括：适应多种类型的金属材料（包括合金）或热敏感的材料，在焊接过程中避免了工件受热变形或焊口的热影响区等问题；相对地，其缺点在于焊接质量容易受到钎料质量的影响，同时也要求一定的技术熟练度。

综上所述，不同的焊接方法各有其优势和缺点，而焊接方法的选择，要根据焊接需求、工件特点、技术、工况、成本等要素充分考虑。进行焊接作业时，需要备有相应的安全措施和焊接质量管控标准，并注意降低焊接活动对环境造成的负面影响。

8.1.3　焊接机器人的类型划分

自动化焊接机器人的应用不仅驱动生产效率提高，还为焊接作业带来了极大便利，对不同规格、属性的焊件有较强的适应性。焊接机器人的分类方式是多样化的，以下将对不同分类下的机器人类型进行介绍。

（1）按焊接工艺分类

根据焊接工艺的差异，机器人类型主要有点焊机器人、弧焊机器人和激光焊接机器人等，如图8-2所示。

图8-2　基于焊接工艺的机器人分类

① 点焊机器人。点焊机器人在板材制造、不锈钢管道、汽车制造、船舶制造等领域有着广泛应用，能够满足大部分点焊作业需求。一般来说，点焊机器人可以达到6个自由度，这赋予了其良好的适应性和灵活性，可以精确定位到焊接位置。目前，采用示教再现工作原理的点焊机器人占据着市场主流。

② 弧焊机器人。在计算机控制下，弧焊机器人依托于焊接量规和设定好的系统参数，可以自动完成轨道操作及焊接作业。该类型机器人主要应用在汽车零部件制造等精度要求高的自动化产线上。

③ 激光焊接机器人。激光焊接机器人的应用属于熔焊的一种，它将高能量密度的激光束作为焊接热源，使金属接口受热熔化并连接，接口冷却凝固后即可形成一个整体结构。激光焊接机器人对于生产安全性、操作精度有着较高的要求。

（2）按性能和技术参数分类

根据性能和技术参数要求，焊接机器人又可以分为超大型、大型、中型、小型、超小型等类型，体积大小只是外在表现，其技术指标的差异决定了应用场景的差异，用户可以根据生产需求灵活配置。

（3）按编程模式分类

按照编程模式的不同，可以将焊接机器人分为示教再现型、离线编程型、自主编程型等类型，如图8-3所示。

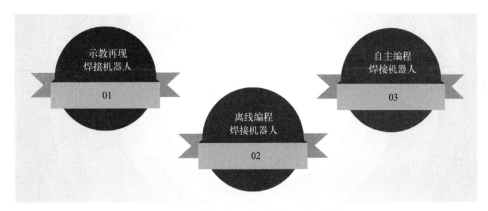

图8-3　基于编程模式的机器人分类

① 示教再现焊接机器人。示教再现焊接机器人通过重复示教过程来完成作业任务。其基本结构主要包括机器人本体、控制系统、示教盒、执行机构等几个部分，其中，机器人本体的结构属性又可以分为圆柱坐标型、极坐标型、直角坐标型或多关节型。具体的操作实现方式是：操作员先控制机器人进行人工导引，控制系统完成对运动速度、轨迹、位置、姿态或相关工艺参数的记录，并自动生成一个连续的执行程序，机器人再根据程序指令重复示教内容，由此实现自动作业。

② 离线编程焊接机器人。不同于普通机器人的示教编程，该类型机器人的智能化程度更高，其编程过程不会打断正在进行的生产活动，也无须离开生产线。编程人员可以先在计算机中导入CAD（computer aided design，计算机辅助设计）数据，随后利用离线编程软件完成焊接机器人作业要求的设置，包括设置手臂配置、焊枪运动轨迹、速度、角度、功率等属性。焊接计划的创建无须考虑动态过程要求，在执行过程中优化验证即可。机器人在自动执行过程中，可以根据传感器感知到的环境信息进行反馈控制，从而实现对执行效果的自动监控。

③ 自主编程焊接机器人。顾名思义，自主编程焊接机器人不仅具有感知反馈能力，还具有一定的自主决策、规划能力，可以根据感知数据自动生成焊接任务，并自动纠正

焊接过程中产生的偏差。自主编程焊接机器人不需要进行人工示教和人工编程，其应用有助于节约时间成本和人力成本，随着在不同场景中适应性的提高，自主编程焊接机器人将成为未来机器人发展的主要趋势之一。

（4）按结构坐标系分类

根据结构坐标系的差异，可以将焊接机器人分为球坐标型、直角坐标型、圆柱坐标型和全关节型四种类型，如图8-4所示。

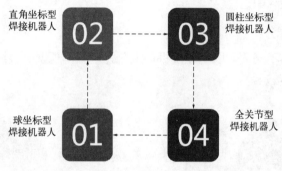

直角坐标型焊接机器人 02 —— 03 圆柱坐标型焊接机器人

球坐标型焊接机器人 01 —— 04 全关节型焊接机器人

图8-4　基于结构坐标系的机器人分类

① 球坐标型。该类型自动焊接机器人与上述两种类型的机器人相比，具有更强的灵活性，但对其运动轨迹、精度的控制也更为复杂。该类型机器人在运行时，如果采用同一分辨率的码盘检测角位移，其伸缩关节的线位移分辨率是恒定的，而末端执行器表现出的转动关节线位移分辨率可以灵活变化。

② 直角坐标型。该类型自动焊接机器人的结构和控制方案相对简单，在空间位置中可以实现三个方向维度（X、Y、Z）的直线运动，这与机床类似。其优势在于：由于运动学模型比较简单，容易实现对精度的控制与提升；同时也有局限性，例如操作灵活性差、工作场景有限等。

③ 圆柱坐标型。该类型自动焊接机器人的结构也比较简单，通常以在基座水平转台上的立柱为支承，从立柱延伸的水平臂可以在垂直方向上下移动，立柱的旋转、水平臂的伸缩赋予了机器人一定的机动性能。这种结构具有运动速度快、灵活性较高等优点，但其线性位移的分辨率精度受到水平臂伸缩距离的影响，末端执行器到立柱轴线的距离越远，精度越低。

④ 全关节型。该型自动焊接机器人的结构灵活性最强，机器人手臂类似于人的手臂，机器人运动轨迹、运动方向、姿态等状态的改变都是通过关节旋转来实现的。其优点在于适应性强、工作空间大、结构紧凑、占用空间小，并可以获得较高的运动速度和执行效率；但由于运动学模型较为复杂，对精度控制的难度较大。

未来焊接机器人与其他工业机器人技术的发展是密不可分的，随着传感技术、学习算法等技术的成熟，焊接机器人的智能化程度也会不断提高，不仅能够根据工作环境自主选择适合的加工模式，还可以针对存在的问题自动生成解决方案，其应用性能的拓展将受到人们对智能化焊接机器人应用能力理解程度的影响。

8.1.4　焊接机器人的发展趋势

目前，工业机器人作为生产制造智能化发展的重要标志，受到了各国业界、学界的普遍重视。从机器人技术发展的整体趋势看，焊接机器人的应用多样性、适应性和智能化程度都在不断提升，具体主要体现在以下几个方面：

（1）机器人操作机构

研发人员利用虚拟仿真、模态分析、有限元分析等现代设计方法，可以对机器人操作机构进行优化设计，可重构、模块化是机构优化的主流方向。例如，机器人整机不再严格要求使用标准化配套元件，可以将非配套的连杆模块、关键模块等重组为机器人整机；其关节模块中的减速机、伺服电机、检测系统三位一体化。目前，国际市场中已经出现了基于模块化装配的机器人产品。

同时，对新材料的探索为机器人操作机构的优化提供了重要支撑，高强度的轻质材料有助于提高机器人的应用性能。例如，德国知名工业机器人和自动化解决方案供应商 KUKA 公司，使用轻质的铝合金材料作为机器人材质，在此基础上将机器人并联平行四边形结构改为开链结构，从而提高了机器人的性能，扩展了其工作范围。

（2）机器人控制系统

以模块化、开放式的控制系统为研究重点，主要表现在：以 PC 机作为控制终端，集成了其他控制功能，这有利于促进接口、数据格式的标准化和数据传递网络化；器件采用模块化结构，其集成度提高，控制机、柜的体积变小；系统交互友好，更易操作，语言、图形编程界面的交互性能增强，更为人性化，性能也更为可靠。软件伺服和全数字的控制系统目前能够实现对二十一轴甚至二十七轴机器人的有效控制，与原先对六轴机器人的控制相比，控制能力得到大幅提升。

在系统编程技术方面，离线编程的可操作性有所提高；离线编程作为研究重点之一，虽然技术成熟度有限，但已经在某些领域实现了应用落地，未来随着技术普及，也将进一步得到推广应用。

（3）机器人传感技术

传感器是工业机器人自动化作业的重要物质支撑，焊接机器人除了配置一般性传感器（如速度、位置等），还配置了视觉传感器、力传感器或激光传感器等，能够自动定位产品焊缝，实现精密的装配作业，传感器的应用大大提高了焊接机器人的性能和适应性。

遥控机器人融合应用声觉、视觉、触觉等多种传感技术进行环境建模，并在基础上实现了决策控制，多传感器应用是提高机器人智能化程度的有效方法。目前，多传感器融合算法是领域内的研究热点之一，尤其是针对非平稳、非线性、非正态分布的传感数据的处理，是多传感器融合算法的重点研究方向。

（4）机器人遥控和监控技术

在高压、存在放射性危害、存在有毒气体等危险性高、环境恶劣的作业场景中，就需要借助遥控机器人完成焊接作业或其他作业任务。现阶段，遥控机器人系统以人机交互控制为主要发展方向，全自主的遥控机器人系统并不是发展主流。所谓"人机交互控制"，就是人为遥控、操作与局部自主系统控制共同实现完整的监控遥控操作，良好的人机交互控制机制是遥控机器人真正落地应用的基础。美国用于火星探测的"索杰纳"号就是一款自主式遥控机器人的典型案例。操作者可以通过物联网等通信设施实现一定范围内的多机器人遥控，同时在控制过程中需要解决时延、通信稳定性、传输容量等问题。

（5）虚拟机器人技术

虚拟现实技术在工业机器人领域的应用不仅仅局限于仿真模拟或方案测试，还可以为过程控制提供有力支撑。例如通过构建远端作业环境的仿真模型，操作者可以身临其境地控制机器人。在多媒体、多传感器、虚拟现实等技术的基础上，可以促进人机协同，实现精确地虚拟远程控制。

（6）多智能体调控技术

多智能体调控是工业机器人领域的一个新的研究方向，其研究内容主要涉及多智能体的群体体系结构、群体内的通信与磋商机理、建模与方案规划、群体行为控制等方面。

随着机器人技术的发展，机器人的应用领域也逐渐从生产制造领域扩展到了非制造领域。在地质勘探、宇宙探测、海洋开发、医疗、娱乐服务等行业中，自动化机器人的应用场景越来越多样化。与生产作业活动不同的是，这些行业的作业环境存在更多的不确定性，具有非结构化的特点，因此对机器人的灵活性、适应性有更高的要求。总之，机器人的感知能力和智能化自主规划能力，是其在各个领域中发挥效用的基础条件。

8.2 焊接机器人的关键技术

8.2.1 焊缝识别跟踪技术

机器人技术中融合了计算机、控制论、机构学、仿生学、人工智能、信息和传感技术等多种先进技术和多个领域的知识内容，是近年来科研领域研究的热门技术。就目前来看，世界各国科研人员对焊接机器人技术的研究主要涉及焊缝识别跟踪技术、离线编程与路径规划技术、多机器人协调控制技术、专用弧焊电源技术、焊接机器人系统仿真技术等技术手段。

（1）焊缝识别跟踪技术的特点

焊缝识别跟踪技术具有焊缝检测识别、焊缝特征提取、焊缝跟踪控制等功能，能够利用传感器设备识别和定义焊缝特征类型，根据焊缝类型进行成像处理，并充分发挥图像处理算法的作用，将源于传感器的焊缝特征转换成三维坐标系，同时在此基础上对焊接机器人进行自动识别和校正跟踪，构建相应的数学模型，并针对各项相关特征信息对焊枪的位置进行实时调整，进而达到提高焊接效率和焊接质量的目的。

焊接机器人所应用的焊缝识别跟踪技术具备实时识别和提取焊缝特征的作用，能够为机器人精准高效获取焊缝位置信息提供支持，并将各项焊缝特征转换成焊接机器人认可的数据信息，以便提高焊接过程的自动化程度，确保焊接机器人能够针对焊缝类型实时调整焊接轨迹，提高焊接生产的灵活性，从而充分满足各种焊接场景的需求，实现小批量焊接生产、多任务焊接生产和多场合焊接生产。

由此可见，工业领域的企业需要通过对焊缝识别技术的研究来提高焊接过程的稳定性和焊缝跟踪传感的灵敏度，降低结构的复杂程度，并进一步优化焊缝特征提取算法，以便充分确保焊缝识别跟踪的精度，实现高质量焊接。

（2）焊缝跟踪传感技术

从实际操作上来看，焊接机器人的焊接质量会受到温度、烟尘、飞溅、加工误差、坡口状况、表面状态、工件热变形、强弧光辐射和夹具装夹精度等多种环境因素的影响。

焊接跟踪技术的应用应为弧焊机器人针对实际焊接条件实时监测焊缝偏差和调控焊接路径及焊接参数提供支持，充分确保弧焊机器人的焊接质量。因此，研究人员在对焊接跟踪技术进行研究时大多从传感器技术的控制理论和方法入手，并不断加大对电弧传感器和光学传感器的研究力度。

① 电弧传感器。电弧传感器能够实时获取和利用焊接电弧中的焊缝位置偏差信号，具有焊枪运动灵活性强、焊接过程成本低、焊接过程自动化程度高等优势，在熔化极焊接等应用场景中发挥着十分重要的作用。

从原理上来看，电弧传感器可以通过改变焊炬与工件距离的方式来调整焊接参数，并对焊炬高度和左右偏差进行测量。一般来说，电弧传感器主要包括并列双丝电弧传感器、摆动电弧传感器、旋转式扫描电弧传感器三种类型，其中旋转式扫描电弧传感器的灵敏度和控制性能最强。

② 光学传感器。光学传感器可分为视觉、红外、光电、激光、光谱和光纤式传感器等多种类型，其中视觉传感器是相关研究人员研究的重点内容，具有信息量大等特点，能够与计算机视图和图像处理等技术手段综合作用，大幅提高弧焊机器人的外部适应能力。

光学传感器在焊缝识别领域具有较高的应用价值和发展前景，焊接机器人中装配的激光跟踪传感器已成为当前发展速度最快的焊接传感器，同时，近代模糊数学和神经网络等技术在焊接过程中的应用也大幅提高了焊缝跟踪的智能化程度，促进了焊接机器人的发展。

8.2.2 离线编程与路径规划技术

在焊接作业过程中，离线编程与路径规划技术的应用能够有效扩展机器人编程语言，充分发挥计算机图形学相关知识的作用，构建机器人工作环境模型，并利用自动编程、离线编程等专业算法操控焊接器件，确保焊接机器人沿着既定轨迹进行焊接。自动编程技术在焊接工作中的应用既能够为焊接机器人确定焊接任务、焊接参数、焊接路径和焊接轨迹提供帮助，也能够支持编程人员推进编程任务。

具体来说，离线编程技术在焊接机器人中发挥的作用主要表现在三维几何构型、运动学计算、轨迹规划和三维动态模拟仿真四个方面，如图8-5所示。

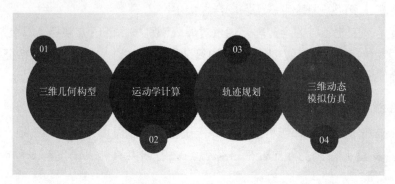

图8-5　离线编程在焊接机器人中的应用

（1）三维几何构型

以图形描述的方式模拟仿真机器人和工作单元是离线编程系统的功能之一，系统可以借助该功能对各个工作单元的机器人中的所有夹具、零件和刀具进行三维实体几何造型。就目前来看，机器人系统可以利用边界表示、结构立体几何表示和扫描变换表示三种方法来进行三维几何造型，其中，边界表示具有计算机运算、修改和显示方便的优势，结构立体几何表示具有形体类型多样化的优势，扫描变换表示具有形体轴对称的优势。

（2）运动学计算

运动学计算就是在机器人的运动参数和关节变量值的基础上，以运动学方式对机器人的末端位姿进行计算；在机器人的末端位姿确定的基础上以运动学方式对机器人的关节变量值进行计算。

（3）轨迹规划

轨迹规划就是通过离线编程系统对机器人的静态位置进行运动学计算，并对机器人的空间运动轨迹进行模拟仿真。一般来说，各个生产厂家推出的焊接机器人通常使用不同的轨迹规划算法，因此离线编程系统需要根据机器人控制箱中应用的算法来进行模拟仿真。

（4）三维动态模拟仿真

在三维动态模拟仿真技术的支持下，编程人员能够通过可视图形以更加直观的方式了解机器人的工作过程，并在此基础上判断编程的准确性和合理性。

自动编程技术中融合了焊接任务、焊接参数、焊接路径和轨迹的规划技术，能够为编程人员提供支持，帮助编程人员以智能化、高效性和高质量的方式完成具有独立性和实施价值的编程任务。离线编程技术的应用有助于推动编程工作实现全面自动化，在离线编程技术的支持下，专家系统可以仅凭工件模型来自动设计工艺过程，并生成与加工过程的所有环节相对应的机器人程序。

8.2.3　多机器人协调控制技术

多机器人系统是一种由多个机器人组成的任务目标相同的协同合作系统，主要包括多机器人合作和多机器人协调两部分。从实际操作上来看，多机器人系统需要在接收任务信息后合理分配各项任务，并在确保有效合作的前提下安排多个机器人来执行各项工作任务，各个机器人在领取任务后也需要与其他各个机器人之间的运动保持协调一致。

复杂性较高的任务主要由紧耦合子任务构成，具有协调问题严重的特点，需要利用基于智能体技术的多智能体系统来连接起网络中的各个分散化、独立化的智能子系统，并提高各个智能子系统之间的协同性，以便驱动各个子系统共同处理控制作业任务。

① 多机器人系统的控制涉及众多单个机器人系统的控制。具体来说，单个机器人的控制依赖于能够对比目标状态和反馈状态的控制器，其中，目标状态指的是期望状态和期望行为，反馈状态指的是实际状态和实际行为，当反馈状态与目标状态存在出入时，控制器会输出控制信号，并根据该信号对机器人行为进行调控。就目前来看，多机器人系统大多具有较高的复杂性，因此相关工作人员需要在机器人控制器发展成熟的基础上利用新的手段来提高各个机器人之间的协调性。

② 以智能体为基础的机器人协调交互方式是现阶段多机器人系统中的各个机器人进行协调交互的主要方式。具体来说，智能体指的是一种具有环境感知、决策和动作执行等功能的程序，能够助力机器人与其他机器人互相协调并进行交互。机器人可以通过以智能体为基础的多机器人系统与其他智能体进行信息交互，并在互相协调的基础上共同执行各项工作任务。

③ 多机器人系统应充分发挥协同控制技术的作用以对系统性能进行优化升级。具体来说，协同控制技术主要包括集成控制、网络控制、分布式控制和混合控制等多种技术手段，这些技术在多机器人系统中的灵活应用能够综合运用多个机器人控制器来控制系统，支持系统中的各个机器人之间的协调和交互，并在最大限度上强化系统性能。

基于智能体的多机器人系统协同控制技术既能实现对机器人的控制和协调，也能有效强化系统性能，是世界各国科研人员都在大力研究的热门技术。随着科技的快速发展，多机器人系统的应用范围将越来越大，基于智能体的多机器人系统协同控制技术也将会发挥出更大的应用价值。

8.2.4　专用弧焊电源技术

专用弧焊电源的电器性能与焊接机器人的使用性能之间存在直接关联。就目前来看，大多数弧焊机器人都需要利用MIG焊、MAG焊、CO_2焊等熔化极气体保护焊或非熔化极惰性气体保护焊（tungsten inert gas welding，TIG）、等离子弧焊等非熔化极气体保护焊的方式来进行焊接。具体来说，熔化极气体保护焊在焊接电源时需要用到晶闸管电源和逆变电源，而非熔化极气体保护焊通常将惰性气体作为保护介质。

随着弧焊逆变器技术的不断进步，由单片微机控制的晶体管式弧焊逆变器等机器人专用弧焊逆变电源也日渐成熟，并与波形控制技术和模糊控制技术协同作用，凭借自身最高可达2000kHz的工作频率助力焊接系统发挥更好的性能，大幅提高机器人焊接的自动化和智能化程度。除此之外，TIG焊所使用的交流电源和具备转接系统的焊接电源等各类具有特殊功能的电源也在焊接工作中发挥着重要作用。

模糊控制（fuzzy control，FC）是一种已经发展成熟的非线性智能控制方法，常常被应用到焊接工作当中，通过模糊语言变量、模糊集合、模糊逻辑推理等方式充分发挥模糊性特点的作用，并利用模糊集合中的隶属函数、模糊关系、模糊推理和决策等工具推理出控制动作和被控对象。就目前来看，应用了FC的焊接电源能够充分确保焊缝的熔宽和熔深的一致性，提高焊缝表面美观度，降低焊接缺陷问题的出现率。

近年来，弧焊电源的数字化程度不断加深，为稳定焊接参数和降低网络变压波动、温升、元器件老化等提供了支持，进而大幅提高了机器人焊接的质量。

不仅如此，数字信号处理技术（digital signal processing，DSP）在机器人焊接领域的应用也大幅提高了焊接机器人系统的响应速度，在该技术的支持下，焊接机器人可以利用主控制系统发送指令信息，借助指令对逆变电流的输出情况进行精准控制，以便提高输出电流波形的多样性以及弧压调节的稳定性和高效性，增强焊接机器人对各类焊接方式和电源的适应能力。

8.2.5 虚拟仿真技术

机器人具有多自由度、多连杆空间机构、计算难度大等特点，所涉及的各项运动学和动力学问题具有较高的复杂度，因此机器人研发设计人员通常需要对机器人的运动学和动力学性能进行分析，并为其提供轨迹规划服务。以机械手研发为例，相关研发设计人员需要综合运用计算机图形技术、计算机辅助设计、机器人学理论等在计算机中构建相应的几何图形，并以动画的形式进行展示，同时对机器人中的机构设计、操作臂控制、环境障碍避让、环境碰撞干涉、运动学正反解分析等内容进行虚拟仿真，以便高效处理研发过程中出现的各类问题。

虚拟仿真技术中融合了虚拟现实技术和仿真技术，能够在网络信息技术和多媒体技术等先进技术的支持下进行高级仿真。

虚拟仿真技术的应用可以在虚拟环境中集成和控制大量实体，并在此基础上进一步提高虚拟环境的完整性和统一性，一般来说，基于虚拟仿真技术的虚拟环境中集成的实体主要包括数字模型、模拟器和虚拟仿真系统，这些实体可以互相协调，并与虚拟环境协同作用，以直观的方式呈现出客观世界的各项特征，凭借集成化、网络化和虚拟化的优势促进仿真技术快速发展。

近年来，制造业的转型速度不断加快，焊接技术的数字化、网络化和智能化程度也越来越高，虚拟仿真焊接技术逐渐成为制造业中应用越来越广泛的新技术。具体来说，虚拟仿真焊接技术的应用能够针对速度、电压、工件尺寸、焊接方法和焊接电流等实际焊接工艺参数实现对各类焊接方法的模拟，并在焊接过程中生成各种焊接形状，充分满足制造业在焊件加工方面的需求。虚拟仿真焊接技术在制造业中的应用既降低了训练成本，缩短了训练时间，也进一步强化了训练管理，优化了训练效果和训练环境。

一般来说，焊接模拟器系统主要包括气体保护焊、焊条电弧焊、氩弧焊等多种焊接方法的模拟训练系统，能够为训练者提供仿真度较高的模拟环境，让练习焊接的训练者能够沉浸式体验焊接的环境和过程，进而加强训练者与环境之间的互动，提高训练者在焊接练习时的专注度和训练效率，达到更好的训练效果。

虚拟仿真系统既为需要强化焊接技能的训练者提供了高效的训练平台，也能够在已有焊缝的前提下精准测量操作信息，及时找出操作人员的不足之处并提供相应的解决方案，以便操作人员在知悉自身不足后快速进行调整优化，进而获得更好的训练效果，并将已掌握的各项技能应用到实际焊接工作中。

8.2.6 遥控焊接技术

遥控焊接就是工作人员在远离现场时通过对焊接设备和焊接过程进行远程监控的方式来完成焊接工作，大多应用于核电站设备维修、海洋工厂建设、空间站建设等各类工作人员难以抵达现场的应用场景中。就目前来看，焊接技术的自主性还不够高，为了满足远端工作环境对焊接的需求，相关工作人员需要利用遥控焊接技术来完成各项焊接工作。

具体来说，机器人遥控焊接系统远端工作环境主要包括结构化环境、半结构化环境和非结构化环境三类，如表8-2所示。

表8-2 机器人遥控焊接系统远端工作环境

工作环境	具体体现
结构化环境	机器人工作空间的几何结构和尺寸、焊接工件的特性、工件与机器人之间的位置关系、工件与其他设备之间的位置关系等信息全部已知的环境
半结构化环境	已知工件位置和工件姿态之外的所有信息的环境
非结构化环境	不存在已知信息的环境

机器人遥控焊接系统的控制模式可根据实际焊接需求和工作环境分为以下五种类型：

（1）机器人全自主控制

机器人可以在设定好运动速度、位姿和焊接参数等相关参数的前提下自主发现焊缝起始点、跟踪焊缝、判断焊缝结束。具体来说，在非结构环境中，传感技术、人工智能技术等先进技术的应用能够在一定程度上支持机器人实现完全自主控制，但实现难度较高；在结构化和半结构化环境中，机器人可以在执行部分特定的焊接任务时实现完全自主控制。遥控焊接的自主化能够大幅降低相关工作人员的劳动强度和焊接工作对人的依赖性，因此机器人研究人员需要进一步提高机器人遥控焊接的自主控制能力。

（2）监督控制

机器人可以在已经设定好运动程序或相关参数的前提下自动执行焊接任务，相关工作人员可以借助视觉系统对焊接过程进行实时监控，并在发现异常情况时及时对焊接工作进行调控。

（3）人机交互控制

机器人可以自主完成焊接工作，相关工作人员需要在机器人处理完焊接任务后及时对焊接过程进行管控，继续处理机器人未能完成的焊接任务，并推动机器人开始处理新的自主任务。

（4）共享控制

工作人员和智能机器人可以同时控制焊枪完成焊接工作，具体来说，工作人员和智能机器人既可以分别控制不同的参数，如工作人员进行焊枪姿态控制，智能机器人进行弧长控制和接头跟踪控制，也可以同时控制同一项参数，如双方共同进行焊枪姿态恒定控制。

（5）直接手动控制

工作人员需要采集并利用传感信息作出决策，同时在此基础上利用遥控操作设备和遥控操作系统控制机器人完成焊接工作，这种控制模式具有智能化程度高和适应性强的优势。

8.3 焊接机器人的应用领域

8.3.1 汽车制造领域

现阶段，电弧焊工艺是汽车行业在结构件焊接工作中常用的焊接工艺，具体来说，主要涉及CO_2气体保护焊、熔化极气体保护焊（gas metal arc welding，GMAW）和钨极惰性气体保护焊（tungsten inert gas，TIG）等焊接方式。具体来说，以上焊接方法均属于MIG/MAG法，具有焊着率高、焊条成本低、焊料成本低、填料金属利用率高、焊接自动化、操作难度低、操作技术要求低、产生焊弧准时、烟气少等特点，既能够高效完成堆焊工作，也能减少清理工作量，是现阶段较为实用的焊接方法。

与其他焊接方法相比，MAG焊接通常应用在高强度的脚边部件和形状复杂的部件的焊接工作中。

就目前来看，CO_2气体保护焊、电阻焊、激光焊、氩弧焊、电弧焊等焊接工艺都是汽车生产制造过程中常用的焊接方式，其中，CO_2气体保护焊和电阻焊能够凭借自身效率高、能耗低、生产量大、操作方便、焊接变形小、自动化程度高等优势在汽车的车厢、车架、车桥和车身薄板覆盖零部件等多个部分的焊接工作中发挥重要作用。

① CO_2气体保护焊主要用于焊接汽车的后桥、车架、车厢和车身蒙皮等部位。

② 电阻焊主要用于焊接汽车用高强钢，通常具有操作快捷和生产效率高等特点，能够在白车身制造中发挥重要作用，一般来说，现代汽车制造中的白车身上的焊点数量在4000～5000之间，这些焊点都需要借助电阻焊的焊接方式来完成。

③ 激光焊主要用于焊接汽车板，通常具有高能、高速、焊缝质量高、焊接精度高、热影响区小、零件变形小等特点，能够有效提升车身强度和车身刚度，在白车身制造领域发挥着十分重要的作用。

④ MIG焊主要用于焊接镀层板，通常具有内应力低、板料变形小、锌挥发量少、热量输入少等特点，能够利用保护气体对焊接材料进行保护，并优化焊接参数。

现阶段，点焊仍旧是汽车行业的主流焊接方式，但随着科技的不断进步，激光焊快速发展，并逐渐成为未来广泛应用的焊接方式。具体来说，激光焊能够用以线代点的方式焊接钢板，大幅提高钢板之间的连接强度和焊接熔核面积，将焊接深入到分子层，为车辆提供超过原有零件板材的焊接强度，进而达到提高全车安全系数的效果。

一般来说，激光焊光束焦点直径为0.6mm，焊缝的宽度在1.5～2.0mm之间，因此使用激光焊的方式来焊接材料既能缩小材料融化衔接的接触面积，降低材料破坏程度，提高焊接速度，也能有效防止因材料变形等问题影响板材焊接处的抗腐蚀性，从而充分确保板材的焊接质量。

激光焊对板材位置公差精度的要求较高，汽车生产制造商在使用激光焊的方式进行板材焊接时需要综合运用高精度的自动化机器臂设备、稳定性强的冲压件以及视觉引导系统，最大限度降低机器臂的运行轨迹误差，并将六台全自动激光在线测量设备装配到生产线中用于实时检测车身尺寸和车身位置，确保车身位于最佳加工位置，以便将板材位置公差控制在0.2mm以内。

8.3.2　工程机械领域

在焊接工作开始之前，结构件需要利用专用组对工装、三维柔性工装集成板材件和铸钢件。具体来说，专用组对工装能够针对产品结构特点、产品精度要求等内容进行设计，并充分发挥定位夹紧机构的作用，提高零部件定位的准确性和夹紧力的稳定性；三维柔性工装中装配了多种用于定位的标准模块，各个模块之间通常利用快速消栓进行连接，能够大幅提高不同形状工件装夹的速度和精准度，缩短专用组对工装设计和制造时间，提高通用性和重复利用率，进而为多样化、小批量的产品生产提供支持。

工程机械中通常会用到全自动焊接、半自动焊接、焊条电弧焊等诸多焊接技术，涉及CO_2气体保护焊、富氩焊、氩弧焊、埋弧焊和电阻焊等多种焊接方式。现阶段，工程机械领域的许多企业在焊接中厚板时通常使用HD-Pulse脉冲无飞溅技术高速焊接工艺，这不仅可以将板材的力学性能提高10%，还能减少90%的焊接飞溅，进而大幅提高焊接质量和经济性效益。

近年来，我国的用工成本日渐升高，工程机械领域对焊接质量的要求也不断提高，机器人自动焊接技术逐渐发展成熟，并被广泛应用到各项焊接任务中。焊接机器人具有高效性和连续性的特点，其在工程机械领域的应用能够大幅降低相关工作人员的劳动强度，减少焊接过程中出现的误差，同时负责焊接工作的相关工作人员也可以利用焊接专机，以自动化的方式高效完成形式单一的长直焊缝的焊接工作，从而在保障焊接质量的同时，减少焊接成本支出。

（1）下料成形设备

在工程机械领域，激光下料可以直接切割螺纹底孔，通常用于薄板件切割工作中；等离子切割具有效率高、切口质量高和下料精度高的特点，通常用于中厚板切割工作中。在坡口加工方面，冷加工存在效率低的缺陷，而热切割能够同时处理下料和无钝边坡口两项工作，大幅提高坡口加工效率，因此热切割逐渐成为工程机械行业中广泛应用的坡口加工方式。焊接组对在板材尺寸精度方面有着较高要求，工程机械领域的企业需要在明确工艺要求的基础上利用卷板机、压力机和数控弯折机等设备对板材进行压制，并将尺寸精度控制在2mm以内。

（2）焊接装备

就目前来看，自动和半自动CO_2+Ar混合气体保护焊是我国工程机械领域广泛应用的焊接方式，$\phi1.2mm$和$\phi1.6mm$的焊丝是我国工程机械领域的企业在焊接推土机后桥箱和主机架等中厚板时常用的焊丝。在结构件焊接生产过程中，工程机械行业需要充分确保自身所使用的焊接工艺、焊接设备和焊接工装夹具的合理性和有效性。

近年来，低能耗、数字化的绝缘栅双极晶体管（insulated gate bipolar transistor，IGBT）逆变焊机快速发展，在高度自动化焊接机器人的支持下，液压组对专机也为大批量产品的生产提供了有效的解决方案，三维柔性组对工装已经能够在一定程度上满足客户多样化的产品需求，工程机械行业的企业在产品生产方面的柔性化程度得到了进一步提高，同时这也降低了相关工作人员的工作强度，提高了焊接质量的稳定性和一致性。

随着科学技术的进步和环境保护意识的增强，焊接与切割产业需要向绿色化、数字化和智能化的方向转型发展，我国工程机械行业需要进一步提高焊接与切割技术的高效性，升级相关工艺，创新相关设备，充分确保焊接与切割产业发展的可持续性。

高速光纤激光切割机能够切割厚度为25mm的碳钢和厚度为30mm的不锈钢，三维激光切割机能够对薄板件进行二次加工，等离子切割的智能化和精细化程度也越来越高。智能套料系统可以借助数据库网络和信息共享集成计划、工艺、排料、切割和管理等整个生产过程中的各个环节，灵活应对不同产品的板件处理要求。与此同时，板材切割机床的功能也日渐丰富，车间的布局也越来越精简和紧凑。

焊丝是当前我国工程机械领域常用的焊接材料。近年来，钢材的品质和品种都有了明显进步，焊接材料也开始向高效和环保的方向发展。具体来说，无缝药芯焊丝具有生产效率高、抗冷裂纹性能强、焊接熔敷速度快等特点，是焊丝发展的重要方向；多股复合焊丝是一种不同于传统焊材的新型焊接材料，也是近期进入人们视野中的热门焊材。焊接电弧是一种连续旋转弧，能够实时搅拌熔池，并根据实际情况对多股符合焊丝的结构和形态进行调整，将焊接速度提升至 2.5m/min。

8.3.3　船舶建造领域

船舶建造主要包括管道加工和船体加工两部分，其中管道加工所占工时为总工时的 8%～12%，管道结构具有多样化、多品种和离散性等特点，具体可分为直管、弯管、锥形过渡管、等径三通管和马鞍形连接管等多种类型，而手工焊难以充分确保管道加工质量，可能会出现产品合格率较低的问题，因此相关研究人员还需进一步加大对管道焊接自动化的研究力度。

在管道焊接环节，船舶建造行业应使用焊接机器人取代传统的管道对接方式，降低对人的经验的依赖性，确保画线、定位和焊接的精准度，提高焊接效率和焊接质量。浙江大学研发的新型船舶管道焊接辅助装置中配备了液压电子锁装置，在船舶管道对接工作中能够稳定高效地居中对齐并锁定两条焊接管道，因此在船舶建造领域有着十分广阔的应用空间。

在管道焊接机器人装备设计环节，江苏科技大学、昆山华恒焊接设备技术有限公司和上海高桥造船有限公司共同开发出我国首个船用"管-管""管-法兰"主从机器人焊接生产线，该生产线中融合了电弧跟踪、机器人位置传感和机器人协同主从控制等多项先进技术，装配了开启式变位机链轮传动装置和 MIG 自动焊接专家系统等工具，能够针对焊缝形状实时调整焊枪位置，进而达到提高焊接效率的目的。

除焊接速度、电弧电压和焊接电流等因素外，电弧的弧长也能够直接影响焊接效果，如焊接过程中的飞溅情况和焊接后的焊缝形状等。为了加强对电弧的控制，相关研究人员构建起直流脉冲氩弧焊机、激光传感器和电荷耦合器件（charge coupled device, CCD）相机试验平台，并充分发挥激光传感器和 CCD 相机的作用，精准测量钨极和管板之间的距离，在水平和垂直两个方向上对管板进行图像预处理、校准图像标定和图像特征提取等处理，确保焊枪和管板之间的距离实时可控，同时增强弧长在管-板焊接时的稳定性，为确保焊缝成形提供支持。

板与板之间的装配连接是船舶建造中的重要内容，一般来说，船舶建造行业通常采用平面装配法和栅格装配法的方式进行板材装配。从实际操作上来看，平面装配法需要先将纵骨板和船板焊接成板列分段，再焊接起板列分段和横向肋骨板；栅格装配法需要先将纵骨板和横框架预装配成栅格状，再将其焊接到船体板上。

现阶段，船舶建造领域所应用的船舶结构焊接机器人主要包括吊篮式焊接机器人、移动式焊接机器人和龙门式焊接机器人。

（1）吊篮式焊接机器人

吊篮式焊接机器人能够利用起重机调整自身位置，利用寻位传感器定位引弧点，并在找准焊接位置的前提下进行自主焊接，常被应用于邮轮、集装箱船、液化天然气（liquefied natural gas，LNG）船等双层船壳结构的船舶的开放式板材焊接中。

具体来说，双层船壳结构的船舶中包含上部板、下部板、主梁和横向腹板等多个组成部分，并借助大梁和腹板将整个船体分为多个封闭空间，同时各个横截面中也以横向的方式布置着众多包含大量小型加强筋的纵向加强筋，并在此基础上打造出U形结构。由此可见，使用吊篮式焊接机器人进行焊接在空间和灵活性方面的要求较高。

中船重工七一六研究所开发的导轨式舱室焊接机器人系统具有高效性、柔性化等特点，装配了该系统的机器人大多具有模块化导轨，既能够根据实际情况进行拆卸和柔性化调整，也能利用焊缝跟踪装置实时监测焊缝成形情况，并快速焊接舱室中的各段T形焊缝。

（2）移动式焊接机器人

与吊篮式焊接机器人相比，移动式焊接机器人具有更高的灵活性和焊接效率，也更适用于双层船体结构的焊接工作。

德国迈尔船厂使用的可360°旋转机械臂的焊接机器人能够利用工人输入到控制面板中的参数启动程序，并在由拆卸模块构成的行程导轨上运动，自动完成测距定位和平焊、横焊、立焊和仰焊等焊接相关工作。

（3）龙门式焊接机器人

大型船舶结构的焊接在机器人的臂展和移动范围方面有着较高的要求，吊篮式焊接机器人和移动式焊接机器人虽然可以借助行车或吊车的方式快速被运送到焊接位置，但仍旧难以充分满足部分大型船舶结构的焊接要求，因此具有臂展大、移动范围大等特点的龙门式焊接机器人应运而生，并逐渐被广泛应用到船舶建造领域中。

早在20世纪90年代，日本长野工业株式会社（Nippon Kogaku Kogyo Kabushiki Kaisha，NKK）就已经将龙门式焊接机器人应用到小合拢生产线中，通过将龙门式焊接机器人倒挂在具有X、Y、Z三个方向的移动导轨上的方式，将焊接机器人的自由度扩张至9个。

从实际操作上来看，小合拢流水线中的门架式多关节机器人能够高效焊接低构架肋板框架和平板部件，并以"井"字形构件内水平和立向自动角焊的方式处理架构和底板的水平角焊缝。

神户制钢所开发的龙门式焊接机器人系统可支持焊接机器人在狭小的空间中分段焊接。具体来说，应用了该系统的机器人通常倒置在运输装置上，能够在出现焊接需求时下降到分段底部，并进行焊缝定位，再在实现对焊缝的精准定位的基础上完成焊接工作。这种焊接机器人具有较强的实用性，但应用范围较小，市场占有率较低，油轮、货柜船、巡洋舰和豪华客轮等船舶在焊接时大多使用艾捷默焊接机器人。

8.3.4 钢结构建筑领域

1986年，中冶集团建筑研究总院和北京市机械施工有限公司共同研发出自动横焊设备，并将该设备应用到京城大厦全钢结构超高层建筑的建设工作中，这是我国第一次将焊接自动化设备应用到建筑钢结构施工现场，对焊接自动化的发展具有重要意义。

2005年，北京石油化工学院和浙江精工钢结构集团有限公司合作，开发出一种新的焊接机器人，并将这种机器人应用到鸟巢的钢结构施工现场，对鸟巢的钢结构进行焊接。随着相关研究人员对焊接机器人的优化升级，焊接机器人在焊缝轨迹示教、焊接参数存储记忆和焊接电源联动控制等方面的功能进一步加强，也提高了机器人的焊缝电弧跟踪控制能力和多层多道自动排道能力。除此之外，浙江精工钢结构集团有限公司从日本进口的梁贯通节点焊接机器人也被成功应用到钢结构建筑焊接领域中。

中铁山桥集团有限公司、中铁宝桥集团有限公司和唐山开元机器人系统有限公司共同开发出一种新的焊接机器人，并将该机器人应用到了港珠澳大桥钢箱梁U形肋的焊接工作中。不仅如此，这些企业研发的腹板轨道式机器人焊接系统、横隔板单元机器人焊接系统、板单元自动组装和机器人定位焊系统、U形肋和板肋单元机器人焊接系统也被广泛应用于钢结构建筑领域中，共同构建起正交异性板单元的机器人焊接生产线，为钢结构建筑的焊接工作提供支持。除此之外，一些小型焊接机器人也能够在钢箱梁整体拼装环节高效焊接索塔钢锚箱。

唐山开元机器人系统有限公司和宝钢钢构有限公司共同开发的焊接机器人能够充分满足建筑钢结构的焊接需求，利用智能化的软件编制技术构建机器人焊接系统，并在此基础上建立非标件焊接机器人工艺参数数据库，提高机器人的焊接精度和零部件的安装精度，快速完成非标件机器人焊接工作。

清华大学和中铁建设集团有限公司共同研发的直弧组合轨道式焊接机器人系统能够结合综合轨迹规划法在最大限度降低机器人自由度的同时，灵活调整焊枪的空间位姿，提高焊缝轨迹规划的高效性和简便性，有效解决各项箱形钢结构环缝焊接相关问题。与此同时，中建科工集团有限公司和中建三局第一建设工程有限责任公司等多家钢结构企业也陆续加快推动各类焊接机器人及相关系统工具落地应用。

机器人焊接技术在钢结构工程中的应用主要涉及桥梁钢结构领域，目前已有大量焊接机器人被应用到桥梁板单元的焊接制造工作中，并在整个行业中备受好评，但焊接机器人在建筑钢结构领域的应用才刚刚起步，目前仍旧存在应用成熟度低等问题，难以在确保焊接精度的基础上高效完成小批量、构造复杂的构件制造和安装工作。近年来，钢结构构件的标准化设计程度和机器人的智能化程度都在不断提高，焊接数据库的数据量也越来越大，机器人焊接技术将会在技术和数据等诸多因素的支持下快速发展，并为钢结构行业的发展提供强有力的支持。

机器人焊接技术在钢结构行业的有效应用离不开钢结构构件的模块化、系列化和标准化设计程度的进一步提升。由此可见，钢结构行业需要建立并完善焊接数据库，研发并应用智能编程软件，推动焊接机器人向智能化的方向快速发展，并加大钢结构机器人焊接技术的应用力度。

就目前来看，焊接机器人在建筑钢结构行业中的应用大多集中在钢结构制作工厂中，具体来说，北京石油化工学院开发的焊接机器人已经应用到北京大兴机场钢结构焊接工程中，除此之外，浙江精工钢结构集团有限公司也将焊接机器人应用到各项重点工程中。我国在施工现场应用焊接机器人的规模和水平已位于世界前列，但未来仍需进一步扩大焊接机器人在整个钢结构建筑领域的应用范围。

第 9 章

AGV 搬运
机器人技术与应用

9.1 AGV搬运机器人的基础知识

9.1.1 AGV搬运机器人的系统构成

AGV（automated guided vehicle）搬运机器人是一种在柔性化产线、立体仓储系统等场景中应用广泛的自动化搬运设备，在智能系统的控制导航下，可以在自然场景中自动完成移动、搬运等多项任务，有利于制造企业降低生产成本，提高作业和运输效率。

随着自动化技术、机器人技术、感知技术等技术的发展，加上对AGV搬运机器人的应用需求日趋多样化，市场中出现了多种结构形式不同、控制方式不同的AGV机器人类型，为生产制造活动提供了有力支撑。以下将对AGV搬运机器人的系统构成和具体应用优势进行介绍。

（1）AGV搬运机器人的系统构成

AGV智能搬运机器人主要包含了车体、控制系统、导向装置、蓄电充电装置、驱动装置、移载装置等结构，如图9-1所示。

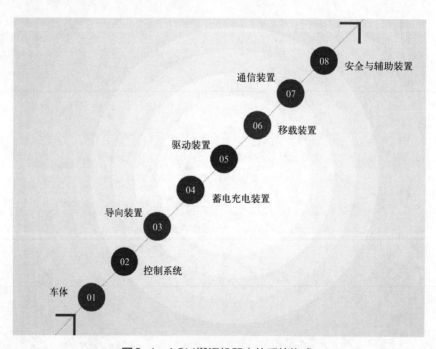

图9-1　AGV搬运机器人的系统构成

① 车体。车架和相应的机械装置为机器人提供了结构支承，是安装其他总成部件的基础。

② 控制系统。即机器人的信息处理中枢，相当于人的大脑，其构成包括传感器、摄像头等硬件设备和导航系统、报警系统、任务采集系统等软件程序。控制系统可以分为地面（上位）控制和车载（下位）控制两个层面，地面控制系统主要是指AGV总控台等非移动设备，负责整个运输作业层面的任务分配、路线管理、车辆调度等；车载控

制系统主要用于控制所属AGV机器人个体，负责接收上位系统指令，并基于导航地图引导任务执行。

③ 导向装置。根据地图导航数据或导引系统的方向信息引导AGV机器人按照正确的路径行进。

④ 蓄电充电装置。主要是指AGV机器人充电站或自动充电机，当AGV检测到电量不足时，可以自动连接充电站进行充电。

⑤ 驱动装置。组成部分包括驱动电机、制动器、减速器、速度控制器和车轮等，主要功能是驱动AGV运行。在接收到来自作业人员或控制系统的运行指令后，自动调节方向、速度和制动状态，以完成运输任务。该装置一般备有安全保障机制，切断电源时可以依靠机械制动改变运行状态。

⑥ 移载装置。即承载货物、与货物接触的部分，在不同的作业场景中，其具体形式有所差异，常见的有叉车式、机械手式、托盘式、滚道式等。

⑦ 通信装置。主要包括通信接口和信号收发模块，可以支持AGV机器人与监控设备、控制台之间进行信息交互。

⑧ 安全与辅助装置。主要功能是对AGV小车附近环境进行感知，监测其行进路线上是否存在障碍物，并及时预警、制动控制，从而避免与人员或其他设备碰撞。

（2）AGV搬运机器人的应用优势

与传统的物料运输设备相比，AGV搬运机器人具有多方面的优点，可以辅助完成经济、高效、灵活的运输调配活动，如图9-2所示。

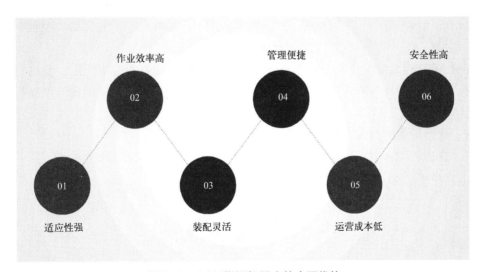

图9-2 AGV搬运机器人的应用优势

① 适应性强。由于AGV小车无须在其活动区域布设支座架、轨道等装置，因此受到场地、活动空间的影响小，可以被灵活应用于多种运输场景，也更为实用。

② 作业效率高。在符合安全冗余要求的基础上，能够自动充电的AGV小车可以全天候连续运转，实现产品、物料的搬运效率与自动化产线的生产进度协同。

③ 装配灵活。从传感器配置的角度看，AGV小车不仅装载了传统的速度、加速度等传感器，还集成了力反馈、机器视觉、激光识别等智能传感技术，关联设备多传感器融合配置，使系统性能进一步强化。

④ 管理便捷。依托于通信网络、传感器和控制系统，可以实现对AGV小车作业状态的实时精准控制，其行驶速度、行驶路径或任务目标等都可以根据作业需求进行管理调控；同时，可以对AGV小车实时监控，及时处理异常情况，有着较高的可靠性。

⑤ 运营成本低。在AGV机器人的应用领域实现智能化、数字化管理，可以有效降低人力成本、时间成本和管理成本。

⑥ 安全性高。主要表现在两个方面：一方面，AGV小车可以代替人员在一些危险环境中完成运输作业任务，保障了人员生命安全；另一方面，AGV小车自身具有较完善的安全防护能力，例如行进路线智能化管理、自动避障、紧急制动、故障预警等功能，提升了运输作业的安全性。

9.1.2 AGV搬运机器人的关键技术

在实际运输作业场景中，根据货物重量、体积、搬运要求的差异，对AGV机器人应用性能的要求也有所不同，为了适应多样化的运输任务，AGV机器人需要配置不同类型的驱动器、传感器，这些元件的频繁更换不利于效率提升。有供应商针对此类问题研发出了模块式设计的专用车体控制器及配套软件，只需要调整参数配置，就可以与不同类型的AGV机器人适配。

AGV控制系统涉及多个学科领域的知识成果，以工业自动控制理论为基础，集成了数据信息传递与处理、决策指令下发、传感监测、定位导航、伺服驱动及控制执行等功能，是保证AGV机器人正常运行、运输任务顺利完成的核心。

促进AGV控制系统完善、优化与迭代，是提升AGV机器人应用性能、促进生产效率提升、推动产业发展的必然要求，受到了研发者的普遍重视。从使用者的角度看，主控制器人机界面的友好度、机器人运行状态数据的可视化、车体参数与程序的远程配置更新等，也是评估机器人性能优劣的重要因素。

具体来说，AGV搬运机器人的关键技术主要包括以下几项，如图9-3所示。

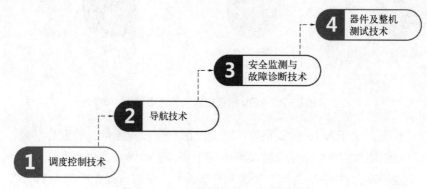

图9-3 AGV搬运机器人的关键技术

（1）调度控制技术

AGV机器人在作业过程中，其运行路线是由控制台及相关软件来控制的，控制台硬件包括工业计算机及其外部设备（如外存储器、输入设备、输出设备等），控制台发出的指令信号通过电台基站传递给AGV小车，其信息通路可以在多个电台之间自动转换。

控制台简单、便捷的操作方式为快速调度AGV小车提供了支撑，可以根据任务需求灵活调整路线。同时，管理人员可以通过控制台实时监控AGV小车的运行情况，及时获取准确的位置信息、运动状态信息或故障信息，从而实现对AGV小车的智能化管理。

（2）导航技术

AGV机器人的导航导引主要是指在给定规划路线和目标位置的基础上，通过控制转向角和速度等参数来调整路径偏移量，以确保AGV小车沿正确路径到达目标点的过程。其技术要点主要涉及定位、环境感知与建模、路径规划三个方面。

① 定位。定位实现导航引导的基础，主要任务是确定AGV小车在工作场景中所处的位置，具体地说就是地图中的全局坐标位置，同时还需要明确AGV的实时行进方向。

② 环境感知与建模。即依托于采集到的感知数据，构建虚拟场景模型。模型中包含了地面情况、道路边界及障碍物等信息，这些数据信息构成了系统对环境中可达区域或不可达区域的基本认知，从而在此基础上规划路径。同时，AGV小车也要基于环境感知数据识别、预测障碍物运动情况，并判断路径的可行性。

③ 路径规划。一般来说，路径规划决策可以分为全局和局部两个层面：全局路径规划通常是根据已知的整体环境信息做出的；局部路径规划则是以实时环境传感数据为基础，控制系统通过对障碍物运动情况、形状、尺寸等信息的分析，灵活调整AGV的运行路径。

（3）安全监测与故障诊断技术

保障AGV机器人运行安全，避免因故障带来的数据风险、产品风险等，是保证生产安全性的重要方面。AGV的伺服控制器、激光防碰传感器、车体控制器、运动控制器等器件都有着安全保护作用。如果机器人出现看门狗超时、掉电等紧急的故障情况，将会自动切断安全信号输出，以保护系统安全。AGV在电气设计方面也有着严格的安全标准，例如要求器件及接插件的电磁兼容性适配等。

（4）器件及整机测试技术

在AGV产品（尤其是其核心器件）的生产过程中，需要严格按照生产工艺要求进行生产及测试，在国内，其实验要求主要参考《电工电子产品基本环境试验规程》。其中，对电子线路板及组装成品需要进行高低温贮存、运行、振动、老化实验。高低温贮存与运行实验的目的是确保产品在温度变化环境中状态的稳定性，防止因温度变化导致应力变化，进而使产品元件受损；而振动、老化实验则是确保产品不会因组装、焊接过程造成故障。在产品组装前，可以运用示波器对关键测试点进行检测；对器件成品的测试，则可以通过专用的测试平台设备完成。

在AGV整机的调试、测试方面，首先需要确保装配流程符合生产规范，调试工作最好由经验丰富的工程师来完成，对于一些特殊器件，则可以借助专用的工装及测试平台进行调试。装配调试结束后，就可以在专用场地进行产品整机的测试，通过不间断跑圈拷机等方式，查看设备是否出现故障，评估产品的性能、参数是否符合要求。

9.1.3 AGV搬运机器人的应用场景

智能化、数字化技术在生产制造、物流运输等行业的应用，不仅大大提高了生产效率、有力驱动产业转型，还促使企业生产管理方式向着数字化方向转变，尤其是在仓储物流和产线自动化方面，焊接机器人、AGV智能搬运机器人等自动化设备的应用，为企业生产、运输带来了极大的便利，提升了作业流程的安全性和产品质量。其中，AGV机器人可以自动完成移料移库、运输配送等任务，可以将货物快速、安全、准确地运送到指定位置，在物料调配、仓储运输方面实现了降本增效。目前，AGV机器人在生产制造领域中快速得到推广应用。

（1）AGV搬运机器人的设计思路

AGV搬运机器人是对多个学科知识成果综合应用的产物，一般来说，其设计会用到光学、电学、自动化、控制学等领域的理论知识。在设计AGV机器人时，需要重点关注传感系统、控制系统和执行系统三者之间的衔接与协同。AGV机器人的总体设计架构如图9-4所示。

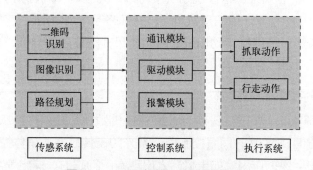

图9-4 AGV机器人总体设计架构

传感系统的作用是通过图像识别、二维码识别等方式采集数据信息，为路径规划提供支撑；控制系统由信息处理模块、驱动模块、通信模块和报警模块等组成，是AGV机器人控制的核心；执行系统则负责任务指令的落实，例如使机器人抓取货物、行走位移等。依托于三个系统的协同配合与控制，机器人可以自动完成大部分搬运任务。在设计时，需要根据实际作业需求和设计条件出发，制定合理的设计方案。

（2）AGV搬运机器人的应用场景

AGV机器人可以基于环境感知数据和任务需求，自动规划行进路线，并在运动过程中避开障碍物，顺利完成货物提取、入库等搬运工作。目前，AGV机器人基于优越的性能，在多种作业场景中得到广泛应用，以下进行简要介绍。

① 原材料的运送配送。AGV机器人的负载限额可以灵活调整，能够配合流水线生产节奏，代替人员完成橡胶、金属、布匹、纸张、塑料等原料的运输工作。其中，叉式AGV小车还可以从货架、地面、产线台面等区域自动取放货物，大大降低了人力成本。

② 移动装配生产线应用。AGV智能搬运机器人可以发挥移动装配平台的功能，能够将所负载的生产部件按照工序流程进行运送，辅助完成装配工作，然后进行出入库处理等。工作人员可以通过语音呼叫、手动收发指令等方式对AGV机器人进行管理、调度，确保其处于正确的工位点；同时，如果有特殊需求，可以灵活更换运输任务，这是生产柔性提高的体现。

③ "货到人"拣选。在物流配送中心或一些生产车间，顶升式的AGV搬运机器人可以自动位移到指定站点，完成卸货工作，或将指定货物置于适当位置，供操作人员挑选。该类型的机器人在电商仓库的作业场景中发挥了重要作用，能够准确、高效、灵活地辅助人员调取所需货品，快速完成出入库和发货工作。尤其是在电商购物节等包裹数量爆发时期，其柔性仓储的自动化优势得到了充分体现。

④ 搬运非码垛货物。夹抱式AGV机器人的结构即是针对那些非码垛货物、不易在平面上平稳放置的货物而设计的，其末端执行器——夹钳，能够满足卷轴等不规则物品的搬运需求，不仅可以准确定位货物的接触点，还能够灵活、平稳地提举或搬运，顺利完成运输任务。

⑤ 与其他工作系统自动对接。AGV机器人的基础功能之一，就是对接不同的工作站或流程系统，完成加工半成品和成品的搬运，使不同工序高效衔接。例如根据规定的产线流程，自动将半成品移载到下一工作站（例如输送机、缓冲站、出入库站台等），成品完成后又将其移载入库。为了促进工作系统的无缝对接，一般使用滚筒设备来运输产品。

随着数字经济、智能化生产制造的发展，传统的物流搬运作业模式将逐渐被淘汰，AGV智能搬运机器人将全面普及应用，其自动化能力能够有效降低物流环节的人力成本、时间成本，实现与自动化产线协同作业，从而有力驱动生产模式转型、生产流程优化与生产方式变革，促进中国制造业向智能化、数字化发展。

9.1.4　基于AGV的智能物流仓储系统

AGV搬运机器人是智能物流仓储系统的重要组成部分，其中，AGV运输车作为仓储场景中应用最广泛的设备之一，有着场景适应性强、应用灵活、自动化程度高、安全可靠、维修方便、占用空间小等优点，它可以根据任务指令自动将货物运送到指定位置，并具有一定的自动决策功能，为自动化仓库的运行提供了有力支撑。AGV运输车也是现代物流系统的关键设备，其应用对于提高生产效率、物流效率有着重要意义，以下将对AGV运输车在智能仓库中应用的具体场景和价值进行介绍。

（1）AGV小车在智能仓库中的应用场景

具体来说，AGV小车在智能仓库中的应用场景主要体现在以下几个方面，如图9-5所示。

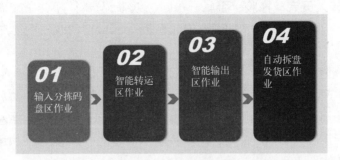

图9-5　基于AGV的智能仓库应用

① 输入分拣码盘区作业。从货车到仓库的卸货环节，AGV小车就可以发挥作用。货车可以将其尾部与AGV小车行驶路径匹配的卸货点对齐，处于卸货点的AGV小车通过人工搬运或自动搬运接收货物，然后将货物按照预定路径运输到入库输送线上。

由于可调度的AGV小车的数量是有限的，在货物量级较大的情况下，AGV小车需要多次往返完成任务。在部分作业模式中，AGV小车需要先适配合适的托盘，因此需要保证托盘与货物配套供应，从而缩小空盘运输间隙，提高卸货效率。

② 智能转运区作业。目前，部分厂商已经具备了转运入库区域全自动化作业的条件，并积极推进落实。货物码盘完成以后，AGV小车在接口处接收整托盘，并按照既定路线将整托盘送到指定的仓储区域接口。这一流程中，整托盘出口和仓库区接口都有若干个，但每辆AGV小车都可以按照控制系统的指令有序执行分拣和输送任务。这得益于管理控制系统对小车运行状态的精准控制，当AGV小车检测到行进路线上的障碍物时，能够及时制动或调整运行路线，从而保障转运入库作业的有序性和高效性，AGV小车的自动化作业，赋予了运输系统更大的柔性。

③ 智能输出区作业。AGV小车在智能转运出库区域的作业环节中也发挥了重要作用。AGV小车接收到控制管理系统下发的出库指令后，会按照所规划的路线到达出库链条机处接收整托盘货物，然后将其运送到自动拆盘发货区域接口。转运出库区域的拆盘发货区接口可能有若干个，与入库转运作业类似，AGV小车先到达指定的接口，接收货物后按照控制路线将其送到指定位置，在行进路线中避开障碍物，保障出库作业有序进行。

④ 自动拆盘发货区作业。从仓库到货车的装货环节与卸货环节相对应，AGV小车收到装货指令后，会按照所设定的路线到达车辆尾部，接收由出库区域伸缩带传送到指定位置的货物，然后将这些货物有序摆放到车厢内，工作人员可以根据需求灵活调整摆放位置，这大大提高了装货效率。

装货完成后，AGV小车会将拆分的托盘进行入库处理，准备下一轮的入库、出库工作。在AGV小车辅助下，物流仓储系统的运行效率大幅提高，缩减了人工成本和时间成本，有助于企业效益增长，并为仓储作业的智能化、自动化转型赋能。

（2）AGV物流系统的应用价值

AGV在智慧物流系统中的应用价值主要体现在以下几个方面，如图9-6所示。

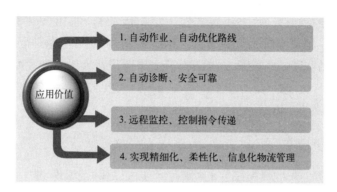

图9-6　AGV物流系统的应用价值

① 自动作业、自动优化路线。在传统的物流作业模式中，对人工的依赖性较大，人工搬运不仅效率低下，且人的精力与体力有限，能够承担的任务有限，同时在工作交接、报表填写等细节问题上容易出现差错。而AGV小车可以有效解决上述问题，不仅可以沿着最优路线将货物快速、准确地送到目的地，还可以突破时间限制全天候作业，降低工作失误率，为企业创造更多效益。

② 自动诊断、安全可靠。AGV小车的自动化不仅体现在高效作业方面，还体现在自我诊断、故障自动预警方面，通过对设备运行状态监控数据的分析，可以快速定位故障部位，并向工作人员提供参考解决方案。

③ 远程监控、控制指令传递。AGV小车可以通过物联网、蜂窝网络或其他网络接口实现远程通信，其交互信息主要包括从AGV小车传递到控制系统终端的实时感知数据，以及控制系统下发至AGV小车的任务指令数据；同时，实时数据交互为远程监控AGV运行情况奠定了基础。

④ 实现精细化、柔性化、信息化物流管理。智能决策分析系统、智能调度系统等现代物流技术与AGV小车的融合应用，有利于实现点对点的高效率、柔性化、精细化的运输作业，对物流信息的管理也更加精细，从而促进物流环节的转型升级。

9.2　AGV导引技术及工作原理

9.2.1　磁钉导引技术

磁钉导航指的是利用磁导航传感器感知磁钉的磁信号并据此探索行进路径，与连续感应的磁条导航相比，磁钉导航采用了与之相同的控制模块和与之不同的感应方式，间歇性感应的磁钉导航需要严格控制磁钉与磁钉之间的距离，以便为自动导向车在行至两个磁钉之间时利用编码器进行距离计量提供支持。

一般来说，磁钉导航所用磁钉大多以预打孔的方式深埋地下，且不借助其他导航辅助设备，具有成本低、防油污、隐秘性强、美观度高、技术成熟度高、抗磨损性强、抗酸碱能力强、抗干扰能力强等特点，能够适应室内、室外、雨天等多种应用场景。

但同时磁钉导航也存在许多不足之处，如AGV磁钉导航地面的技术要求极高，导航路线内不能出现消磁物质和抗磁物质；AGV磁钉导航线路需根据每次作业的实际需求进行调整，线路调整成本较高，线路施工也需要花费大量时间；AGV磁钉导航在施工时需要在地面开孔，这不但对施工技术有着极高的要求，也会在一定程度上对地面造成破坏，进而影响原地面的美观度。

9.2.2 磁条导航技术

AGV导航磁条是一种具有磁性的材料，可以以粘贴或填埋的方式铺设在导航地面上构成导航线路，为AGV根据感应到的磁场信号来确定自身所处位置和行进方向提供支持。具体来说，AGV导航磁条的工作原理如下：

① AGV中装配的磁感应传感器能够感应到AGV导航磁条的磁场信号，并将信号传输到AGV的控制系统中，以便控制系统根据信号强度和信号方向等信息对AGV进行精准定位，并在此基础上进一步明确AGV的行进方向。

② 在AGV导航磁条布置过程中，施工人员应沿着车辆的行进路线布置磁条，并在车辆需要转弯的地方设置转弯标志，确保车辆能够完全按照设定好的路线行驶并准确转弯。

③ 在使用AGV导航磁条时，相关工作人员应注意对磁条进行清洁，并确保磁条本身始终干燥，防止各项外部环境因素对磁场信号传输造成干扰，并针对车辆的实际需求及时调整磁条的强度和方向，充分确保车辆在磁场信号感知方面的精准度。

AGV磁条导航具有可靠性强、复杂度低等特点，能够为AGV沿规划路线准确行驶提供支持，确保AGV及时完成工作任务。但相关工作人员也要充分考虑导航方式与工作任务之间的适配性，注意使用细节，确保AGV运行的稳定性。

磁条导航具有测量精度高、重复性强、成本低、施工难度低、维护费用低、使用寿命长、技术可靠性强、线路调整难度低、线路调整周期短、抗声光干扰能力强等优势，同时磁条导航运行过程中所使用的磁传感系统也具有较强的可靠性和鲁棒性，AGV可以在磁条导航的支持下快速明确自身行进线路。

同时磁条导航也存在连贯性差、磁条易受损、影响地面美观度等不足之处，且磁条极易吸引金属物质，可能会影响AGV设备的安全性和稳定性，同时在定位站点方面也对其他传感器有着较强的依赖性。

9.2.3 激光导航技术

激光导航是AGV系统中广泛应用的一种导航方式，具体来说，激光导航AGV系统主要包含两部分，分别是AGV激光扫描器和AGV反射板。在实际操作中，AGV设备中需要装配能够接收激光和发射激光的扫描器，导航区周边需要装配AGV反射板，同时也要确定各个反射板的具体位置信息，并将这些信息存储到AGV系统的存储器中，以便对各项数据进行导航计算，不仅如此，大量反射板在激光导航系统中的应用也能够支撑AGV获取整个工作区域中的各项反射信息。

在导航区域中，AGV需要在确保自身处于静止状态的前提下通过初始位置计算的方式来明确自身所处位置，并确保激光扫描仪测得的光束数量超过四条，同时也要明确各个反射板的具体位置。当AGV处于运动状态时，导航激光系统可以根据AGV的运行速度、转向角和间隔时间等信息进行连续位置计算，并根据计算结果对AGV下一时刻的位置进行预测。

激光扫描器在转速固定的情况下的旋转角度为360°，此时，发射板会反射脉冲激光器发射出的激光，而激光扫描仪会在探测到经过发射板反射的激光后将激光中蕴藏的信息传输到计算机系统中，以便利用计算机来分析处理各项信息，计算出AGV的具体位置和运动方向，并通过对比计算结果和车载控制系统中预设的参数的方式来为AGV运行提供引导。

激光导航AGV设备主要有通信区和非通信区两种工作区域。具体来说，AGV设备既可以在通信区中利用车载通信装置和计算机控制系统来掌握自身的具体位置和实际状态，并按照相关工作指令平稳运行，也可以在非通信区中脱离计算机系统的控制，按照预设程序运行。

（1）激光导航的优点

激光导航技术具有以下几个优点，如图9-7所示。

图9-7　激光导航的特点

① 先进性。激光导航具有无线反馈功能，能够在抵抗外界干扰的基础上充分发挥内部编程系统的作用，同时还使用了具有定位精度高特点的激光扫描器，能够将定位精度控制在5mm以内。不仅如此，其装配的计算机系统也具有较强的可控性，能够与AGV持续通信。

② 适应性强。激光导航中的各项设备在扩充过程中不会对生产造成不利影响，且

能够充分确保安装和生产之间的同步性，同时其配备的系统也能够在不依赖地板表面的情况下快速调整AGV的运行方向，不仅如此，从结构上来看，激光导航中配备的定位装置只有反射板一种类型，因此还具备结构复杂度低的特点。

③ 经济实用。激光导航既不需要在地下进行埋线，也不需要使用大功率的放大器设备，只需要配备少量成本低、体积小、安装简单的反射板。

（2）激光导航技术的优缺点

激光导航技术具有行驶路径灵活、不依赖其他定位设施、AGV定位精度高、环境适应能力强等优势，是当前世界各国的AGV生产商在设计AGV导航功能时的首选。

同时激光导航技术也存在易受光线、地面条件和能见度等外部因素影响，以及设备价格高、反光板成本高等不足之处，因此在无遮挡的应用场景中往往能够发挥出更大的作用。

总而言之，激光导航技术凭借定位精度高、线路变化灵活、导航技术成熟等优势不断扩大应用范围，并逐渐成为世界各国AGV生产商在为AGV设计导航功能时广泛应用的技术手段。

9.2.4　电磁导航技术

电磁导航是至今仍有少数AGV生产商在使用的一种传统导航方式，与磁条导航相似，但由于美观度较低、路径调整难度大等问题未能被大部分AGV生产商长期使用下去。具体来说，电磁导航就是借助填埋在AGV行驶路径中的金属线来加载导引频率，并利用导引频率来为AGV进行导航。从工作环境方面来看，当AGV处于高温或线路平直性要求较高的环境中时，电磁导航将会发挥出更大的作用。

但同时电磁导航也存在许多不足之处，如破坏地面、线路调整成本高、线路调整耗时长、施工技术难度大、地面美观度不高以及对传感器和电磁信号生成设备的依赖度过高等问题。

9.2.5　视觉导航技术

近年来，智慧型制造业飞速发展，自动车辆（autonomous vehicle，AV）等技术和应用在工业领域发挥出的作用越来越显著，AGV视觉导航技术也逐渐成为备受关注的热门技术。具体来说，AGV视觉导航技术是一种以视觉传感器为主要工具进行合理自主路径规划的新兴技术，目前已经被应用到网络计算、智能控制、多机器人协作和大规模数据共享等多种具有一定复杂度的系统中。

就目前来看，针对AGV视觉导航技术的研究主要集中在以下三个方面，如图9-8所示。

① 环境感知和地图建模。相关研究人员利用视觉测距和激光雷达等技术手段开发出同步定位与地图构建（simultaneous localization and mapping，SLAM）等高精度、高可靠性、高实时性的算法，以便AGV以智能化的方式感知和识别环境，并根据环境特征构建进行地图建模。

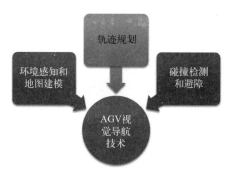

图9-8　AGV视觉导航技术的研究

② 轨迹规划。相关研究人员在环境感知和地图建模的基础上充分发挥深度强化学习等技术的作用，构建AGV路径规划系统，支持AGV以智能化的方式自主规划行车路径。

③ 碰撞检测和避障。相关研究人员利用经过优化的深度卷积神经网络以及深度学习算法为AGV进行碰撞检测和精准避障提供支持，为AGV的自主行驶提供强有力的安全保障。

AGV视觉导航技术涉及机器视觉、机器学习、电子信息等多个领域，融合了视觉感知、深度强化学习、深度卷积神经网络、SLAM算法运用等多种先进技术，能够在技术层面为AGV在封闭环境中实现自主行驶、自主规划最短行驶路线、精准避障、碰撞检测等功能提供支持。就目前来看，AGV视觉导航技术在发展过程中还需克服几项问题：

· AGV视觉导航系统中应用的算法大多只能在无门环境中进行自主路径规划和导航，难以适应具有一定复杂度的环境；

· 在协作规划方面，AGV视觉导航系统难以有效解决各项冲突问题；

· AGV视觉导航系统易受野外环境波动影响，可能会面临道路分错和机器前进错误等操作问题；

· AGV视觉导航系统还需进一步优化模型空间的构建和复杂的协议栈。

为了推动AGV视觉导航技术快速发展，相关研究人员需要对系统功能进行优化升级，提升系统对野外环境波动和大规模多AGV协作操作的应对能力，并加大对模型空间构建技术和协议栈的研究力度。总而言之，在工业领域，AGV视觉导航技术有着十分广阔的发展前景，相关研究人员应顺应计算机和人工智能等先进技术的发展趋势，在保持前瞻性的基础上提升AGV视觉导航技术的发展速度和应用深度。

9.2.6　激光SLAM导航技术

激光SLAM导航就是在不依赖全球定位系统（global positioning system，GPS）等外部修正信息的基础上，利用机器人来实现对自身的同步定位和环境建图。一般来说，机器人所面临的环境和变量大多具有未知性和不确定性，需要利用SLAM技术来为自身实现精准导航提供助力。

激光 SLAM 是一种已经被广泛应用于机器人导航中的 SLAM 技术,具有成熟度较高的特点,其应用主要由激光雷达构成,能够快速对环境以及环境中的各类物体进行扫描,并以数字化的方式将扫描到的信息转化成 3D 数据,为机器人构建地图和精准定位提供信息层面的支持。不仅如此,激光 SLAM 系统中还包含了特殊的信息处理算法,能够充分确保机器人自我定位和地图构建的有效性。

在激光 SLAM 系统所包含的众多技术中,激光雷达数据采集、特征提取、数据匹配、地图构建和自我定位等具有极高的重要性,如图 9-9 所示。

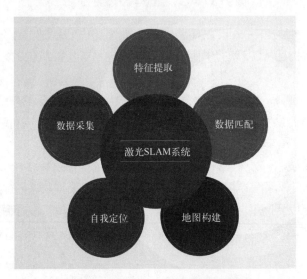

图9-9　激光SLAM系统的主要算法

① 数据采集。机器人在使用激光 SLAM 导航时,需要先利用激光雷达发射激光束并接收返回信号,实现对环境及环境中的所有物体的扫描,进而全面掌握环境中所有物体的位置和形状等信息,再将这些信息转化成 3D 数据,实现对环境数据的全方位采集。

② 特征提取。机器人需要利用特征提取算法从激光数据中提取出具有显著性质的物体边缘或角点等关键特征点,并将各项数据转换成能够被机器人识别的信号,以便利用关键特征点进行建图和定位。

③ 数据匹配。机器人在利用激光 SLAM 导航系统进行数据匹配时需要将自身扫描到的激光数据与已经记录的地图进行对比,并借助相关运动和滤波技术确保匹配精度,以便通过对比来确定机器人的具体位置。

④ 地图构建。机器人需要在移动过程中持续获取激光数据,并借助这些数据构建地图,利用 SLAM 技术识别各项激光数据在当前地图中的具体位置,同时也可以根据传感器数据来过滤、校准和修复已有地图,通过数据更新的方式来更新地图。

⑤ 自我定位。机器人可以充分发挥地图信息和激光数据的作用,并综合利用匹配环境中的关键特征点和运动信息实现自我定位和地图构建,并充分确保定位和建图的实时性、准确性,从而在没有外部修正信息支持的情况下提高导航和操作的精准度和

有效性。

除此之外，为了确保导航的高效性和稳定性，相关研究人员在机器人中应用激光SLAM技术时还需综合考虑传感器精度、数据处理速度、机器人运动模型等多个方面的各项影响因素，并顺应机器人导航技术的发展，积极探索多传感器融合和深度学习等先进技术在机器人导航领域的应用。

综上所述，激光SLAM是一种在智能机器人领域具有十分广阔的应用前景的机器人导航技术，智能机器人行业需要大力推动相关技术和算法快速发展，并积极解决激光SLAM导航技术在实际应用过程中出现的各类问题，加快激光SLAM导航技术的发展速度，扩大激光SLAM导航技术的应用范围和应用深度。

9.3 基于AGV/AMR的大规模定制

9.3.1 AGV/AMR的典型机构形式

近年来，科学技术的发展速度不断加快，全球之间的联系不断加强，市场竞争越来越激烈，客户需求的多样化和个性化程度进一步提高，为了充分满足客户多样化的需求，获取更大的市场竞争优势，企业需要革新生产方式，实现大规模定制（mass customization，MC）。

进入21世纪后，MC生产模式逐渐取代大规模量产成为各行各业的主要生产模式。具体来说，MC生产模式结合了定制生产和大规模生产的优势，具有智能化和柔性化程度高的特点，既能够充分满足客户的个性化需求，也能大幅压缩生产成本和交货周期，还可以在保持生产不间断的情况下快速换产，充分确保物流、信息流、资金流的及时性和准确性。

对智能工厂来说，合理运用自动导引运输车（automated guided vehicle，AGV）和自主移动机器人（automated mobile robot，AMR）等离散型智能化移动机器人是快速实现大规模定制化生产的有效方式。

（1）AGV/AMR的联系与区别

AGV中通常会装配电磁自动导引装置或光学自动导引装置，能够按照规划路径自主行驶，且具有安全保护和移栽等功能。从运行原理上来看，AGV中具有基于移动轨迹编写的程序，可以通过对比已有程序中的轨迹和数字编码器中的电压信号的方式掌握AGV的实际行驶路径与规划行驶路径之间的偏差，并在AGV运动时利用控制器来根据位置偏差信号调整电机的转速，进而实现对AGV运行路径的实时校正。

AMR具有较强的理解能力，且装配了激光传感器、视觉传感器等多种传感设备，融合了人工智能等多种先进技术，既能够利用各项技术理解环境、规划路径，并打破有线电源的限制进行导航，也能够在操作员的监督下借助轨道或规划路径的支持在自建地图中自主移动。与此同时，AMR也可以利用2D/3D摄像头和激光传感器来实现减速、停止、路线调整等功能，以便在运行过程中精准躲避意外掉落的箱子和意外闯入的人群等障碍，充分确保导航的安全性和稳定性。

（2）AGV/AMR的典型机构形式

AGV和AMR可以按照车体结构外形大致划分为叉式、潜伏式和复合式三种类型。不同车体结构的AGV和AMR通常适用于不同的应用场景，在MC生产模式下，多样化的AGV和AMR的应用能够为智能工厂的场内物流提供强大的助力。具体来说，AGV和AMR的几种典型结构形式如图9-10所示。

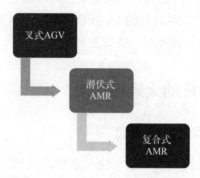

图9-10　AGV和AMR的典型结构形式

① 叉式AGV。叉式AGV可以看作传统叉车的升级版，通常包含货叉、夹报器等属具，以及托盘、料架等载具和门架、链条传动机构、齿轮旋转机构等多个组成部分，具有取放和搬运物料的功能，能够对物料进行抬高、降低和旋转三类移动操作。

一般来说，大多数叉式AGV都采用单舵轮驱动，因此在堆垛和取放物料的位置是直角时对转弯半径和通道宽度的要求更高，且转弯半径和通道宽度与车体和托盘的尺寸之间呈正相关。为了打破转弯半径和通道宽度的限制，相关研究人员开发出了全向式AGV和窄巷道式AGV。

全向式AGV采用双舵轮结构，既能向前、后、左、右四个方向移动，也能原地旋转，通行所需的最小通道宽度仅比车体多300mm；窄巷道式AGV可分为双门架式AGV和基于传统三向叉车的升级版AGV两种类型。

双门架式AGV可以利用伸缩货叉支持载货台在双门架上进行垂直方向的运动，并在狭窄的密集式货架仓库中进行无人存取，同时还可以协同输送机和潜伏式AMR来按照客户需求和流量要求自动调整巷道和AGV数量，实现全天候无人化作业。

基于传统三向叉车的升级版AGV已经根据实际作业环境进行了改装，具有窄巷道双向叉取货物的功能以及高于双门架式AGV的提升高度，能够利用可调距叉类的属具，根据实际生产需求自动匹配相应规格的托盘，充分满足MC生产模式下的智能工厂在托盘种类和无人化作业方面的需求。

② 潜伏式AMR。潜伏式AMR通行和取放货物所需的通道宽度较小，可以代替人工完成托盘搬运、料车搬运等运输工作。一般来说，潜伏式AMR需要在载具下方承托载具进行运动，但载具是没有支腿的托盘类载具时，还需要利用料架或专用托盘来放置托盘物料，因此现场接驳区域必须设置料价位或支架位，这不仅需要使用更大的空间，

也需要花费更多的管理成本。

在MC生产模式下，潜伏式AMR可以与料架协同作用，共同执行各类工艺流程，完成各项物料搬运工作。具体来说，潜伏式AMR需要在物料和相应料架信息绑定的前提下进行长距离物料搬运作业，并为各个工位配送物料，同时也要对接电梯、快速门、输送机、提升机和立体仓库，以自动化的方式对地堆仓库进行存取盘点，以便为智能工厂实现自动化生产提供支持。未来，潜伏式AMR技术的应用将越来越成熟，性价比也将得到进一步提高，潜伏式AMR将会成为各行各业广泛应用的物料搬运工具。

③ 复合式AMR。复合式AMR是一种以潜伏式AMR的车体为移动载体，以输送机、调距机构和关节机器人等功能性机构为执行部件的移动机器人，能够在应用MC生产模式的智能工厂中发挥重要作用。具体来说，MC生产模式下的智能工厂对复合式AMR的要求主要有以下几项：

• 复合式AMR应与运输机协同作用，利用位于潜伏式AMR上方的滚筒输送机或链条输送机来对接或转运各类需要运输的物料，如托盘类物料、料箱类物料，并利用自身在柔性化和拓展性方面的优势来缩小占地面积，缩短投资回收期。

• 复合式AMR应与调距机构协同作用，并将各种长度的轴类物料的支承臂做成可调距结构，同时充分发挥二次定位装置、3D视觉等工具的作用，实现与设备之间的精准对接。

• 复合式AMR应利用装配在潜伏式AMR上的关节机器人与对接设备进行多自由度对接，并在一些精密度和动作复杂程度较高的场景中协同手脚进行高效作业。

不仅如此，复合式AMR还能够协同其他自动化机械实现自动分拣、自动送料、自动码垛、全自动上下料和全自动喷洒等多种自动化功能，并在诊疗、日化品、机械加工、半导体材料和3C电子器件等多个领域中发挥重要作用。

对于军工、化工、3C半导体等在防爆和洁净度方面要求较高的行业，AGV和AMR需要通过防爆改装和除尘处理的方式来满足各个应用场景中的实际需求，未来，AGV和AMR也将在更加先进的科学技术的支持下应用到户外以及更多作业环境中。

9.3.2 AGV/AMR的软件关键技术

AGV和AMR的软件关键技术主要包括软件控制、运动控制、安全控制、交管系统、集群调度、数字孪生等多种技术，如图9-11所示。

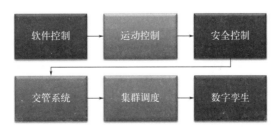

图9-11 AGV/AMR的软件关键技术

（1）软件控制

AGV和AMR等物流设备属于可移动的执行部件，且AGV和AMR在作业时不需要过大的物理空间，后期具有较强的拓展性和较高的柔性化程度，能够在机器人控制系统（robots control system，RCS）的控制下进行物流作业；输送机、提升机、分拣机、堆垛机、穿梭车、立体仓库、关节机器人等设备均为固定式物流设备，在作业时需要较大的物流空间和安装空间，具有较强的局限性，且后期拓展性较弱，控制系统通常为设备控制系统（equipment control system，ECS）。

① 机器人控制系统RCS。RCS连接着制造执行系统（manufacturing execution system，MES）、仓储管理系统（warehouse management system，WMS）、企业资源计划（enterprise resource planning，ERP）等上位系统和各个移动机器人，能够接收来自上位系统的工作指令并将其传递给作为执行部件的移动机器人，并综合运用激光导航和混合调度等工具，全方位调度不同区域、不同场景、不同类型的移动机器人。

② 设备控制系统ECS。ECS是工厂内部物流体系中的所有非移动物流设备对接指令信息的神经中枢，能够通过输入指令和输出指令的方式对输送机、堆垛机、快速门等设备设施进行控制，对非移动物流设备进行调度，对输送线上的托盘的流向进行控制，落实WMS中的物料入库和物料出库工作，同时利用通信协议对非移动物流设备进行控制，对各项物流设备的作业情况进行监控，并及时更新各项物流任务相关的出库单据信息、入库单据信息、库存信息和接驳信息。

③ 仓储管理系统WMS。WMS具有仓库调拨、虚仓管理、库存调拨、物料出入库等多种功能，且能够与其他管理系统协同作用，实现物料对应、库存盘点、质检管理、综合批次管理和即时库存管理等功能，同时也能够利用条形码、电子标签和射频识别技术（radio frequency identification，RFID）等工具对物料的整个物流过程和成本管理过程进行跟踪和控制，从而进一步优化仓储信息管理，助力企业实现高效仓储物流配送。

（2）运动控制

叉式AGV可以按照驱动方式分为单舵轮AGV和双舵轮AGV两种类型，其中，单舵轮AGV大多使用前轮进行转向控制，具有成本低、结构复杂度低、抓地性强、地标要求低等优势，但同时也存在灵活性差、转弯半径大和无法实现复杂动作等不足之处；双舵轮AGV能够万向横移和360°回转，且具有灵活度高、运行精度高等优势，但也存在成本高、电机要求高、控制精度要求高、地面平整度要求高和所需舵轮数量多等不足之处。

潜伏式AGV和AMR大多以装配在车体左右两侧的差速轮为驱动轮，将其他轮作为随动轮，但驱动轮本身并不具备旋转功能，因此差速轮型AGV在转向时借助内外驱动轮之间形成的速度差。

（3）安全控制

AGV和AMR的调度系统可以通过预检测和预规划的方式提前检测作业空间中的道路占用和障碍物，并根据监测情况提前规划行进路径，也可以利用弧度算法生成多种取货策略和卸货策略，在调度方面确保AGV和AMR工作过程的安全。

车载系统可以综合运用倾斜监测、货物超重监测、车体姿态检测和速度自适应检测等功能和相应的算法来保障车辆在执行运输任务过程中的安全，防止车辆出现货物超重、货物倾斜、超速行驶和车体姿态不当等问题。与此同时，车载系统还可以充分发挥错误自诊断和监测功能的作用，防止出现各类错误问题，为车辆提供更加强大的安全保障。

（4）交管系统

AGV和AMR所使用的交通管理系统能够在充分了解工厂中的各个应用场景的基础上，利用车辆智能调度控制算法实现工厂级和车间级的车辆管理、交通管理、调度管理、运行管理、叫料管理、通信管理、统计管理等多种管理功能，并协同MES、WMS和生产线系统等多种管理系统进一步提高物流系统的智能化、柔性化和现代化程度。

（5）集群调度

大规模集群调度系统中融合了人工智能等先进技术，能够以智能化的方式完成多点取料调度和多点送料调度，并进一步优化工作任务排程，在最大限度上提高工作效率。

调度系统可以以后台集中调控的方式向各个机器人分派工作任务并进行科学合理的调度协调和交通管制，提升自身在单一场景中应对更高的机器人密度和路径调度的复杂度的能力，控制大量机器人同时执行与之相应的工作任务，从而在最大限度上提高任务分配的合理性、路径规划的科学性和交通动态管理的有效性。

（6）数字孪生

数字孪生就是借助数据和数字技术为物理世界中的物理实体构建数字化的虚拟模型，通常具有实时性和闭环性的特点，既可以利用历史数据、实时数据和算法模型来分析、预测和优化物理实体，也可以为网络管理和应用构建虚拟孪生体。数据和模型是数字孪生发挥作用的基础，因此数字孪生还可以在充分掌握各项相关数据和模型的基础上实现对物理实体的分析、诊断、仿真和控制。

数据能够支撑数字孪生实现可视化。从实际操作方面来看，工厂需要利用数字孪生技术建立统一的数据共享仓库，并将其作为数字孪生网络的单一事实源，并快速对物理网络中与配置、拓扑、状态、日志和用户业务等内容相关的历史数据和实时数据进行存储，以便在数据层面为数字孪生提供强有力的支持。

模型指的是数据驱动模型和已知物理对象的机理模型，一般来说，这些模型需要具备动态化的自我学习和自主调整功能，以便根据物理世界中的物理实体的质地、行为、状态和发展规律等具体特征在数字空间中构建相应的虚拟实体，并在二者之间形成多元化的精准映射关系，进而为物理孪生体和数字孪生体赋予不同的保真度特征。

9.3.3　基于AGV/AMR的大规模定制应用

在MC生产模式下，AGV和AMR移动机器人主要能够从以下几个方面为企业创造实际效益：

① 搬运效率。AGV和AMR在智能工厂中的应用能够大幅提高物料搬运的自动化程度，降低运输作业失误频率，并在此基础上利用自身配备的安全装置加强对物料运输的安全保障，进而达到大幅提高搬运效率的效果。

② 成本支出。智能工厂利用AGV和AMR来重复进行物料搬运能够减少在产品、材料和场地方面的损耗以及在人力方面的成本投入，提高作业环境的安全性和能源的利用率，同时AGV和AMR也能够适应更多作业场景，即便在没有照明和温控的环境中也能高效作业。

③ 柔性化。AGV和AMR能够根据工厂的仓储作业环境进行柔性化、自动化、点对点的物料搬运，在多样化的作业场景中对接多个生产环节和物流运输设备，并助力企业实现无人化仓储。

（1）典型应用案例1

近年来，某电梯及自动扶梯行业的工业工程企业的产品销量持续上涨，因此电机和轿厢的生产数量也不断升高，工厂的生产负荷随之快速上升，为了充分满足市场对产品的需求，企业必须加快升级厂内物流运行模式。

具体来说，该企业的电机和轿厢生产业务主要涉及三座工厂，以及大量种类繁多的物料和产品，且物料搬运频繁，对人工的需求较大，因此企业需要尽快解决园区地域跨度大、系统对接复杂度高和人手不足等问题。

从实际操作方面来看，首先，企业可以在马达生产物料出库后利用三台潜伏式移动机器人代替人力为马达车间中的生产线配送原料，直接将各类物料运输到相应的台位接驳点；其次，企业可以利用五台牵引式移动机器人来牵引料车来转运不同厂区、不同车间的物料和半成品；再次，企业可以利用五台叉式移动机器人转运各个型号的空满托盘，并供应满托，回收空托，对各个托盘进行集中处理；最后，企业可以利用智能交通管理系统对各个移动机器人进行合理调度，确保自身与WCS和WMS之间无缝对接，利用两套智能充电系统来确保各个移动机器人能够全天候持续运行。

AGV和AMR在工厂中的应用助力工厂提高了厂内物料流转的自动化程度、数据管理的清晰度和产品的生产效率，实现了与WCS和WMS之间的无缝对接，同时也降低了操作失误频率和人力成本，帮助企业获得了更高的收益。

（2）典型应用案例2

我国照明电子行业中的一家企业致力于为客户提供智慧生活和智慧管理领域的物联网产品和解决方案，且已经开发出多种类型的产品，但由于厂内产品的数量和种类较多，已有的物流运输模式已经无法充分满足工厂当前的运输需求，因此企业需要进一步优化升级物流运输模式。

就目前来看，该企业的工厂存在车间占地面积大、物料种类多、系统对接复杂度高、物料堆放无序、物料管理难度大、物料搬运频繁和人力资源不足等问题。

从实际操作方面来看，首先，企业需要利用13台潜伏式移动机器人在4个楼层之间进行物料配送和空料筐回收，将物料运输至相应的工位和站点上，并提高与电梯进行对接的自动化程度；其次，企业需要利用13台迷你型堆垛移动机器人自动进行输送线对接、原材料转运、成品转运、包材配送和空托回收；再次，企业需要利用智能交通管理系统合理调度各个移动机器人，并实现与WCS和WMS的无缝衔接；最后，企业需要利用两套智能充电系统来确保移动机器人能够全天不间断运行。

AGV和AMR在工厂中的应用助力工厂实现了自动上料、自动下料，大幅提高工厂的上下料效率、物料堆放整洁度、物料配送准确率和数据管理清晰度，同时也减少了在人力方面的成本支出，帮助企业获得了更大的收益。

第 10 章

装配机器人技术与应用

10.1　装配机器人的基础知识

10.1.1　装配机器人定义与分类

装配是生产制造活动的后期环节，有着非常重要的地位。在电子产品、医疗器械、汽车零部件等制造行业中，传统的装配作业模式对人工的依赖性较大，需要消耗大量的财力、物力成本。随着机器人技术、数字化和智能化技术的发展，装配机器人逐渐被应用到生产实践中，但还未得到普及。

这一现象是由多方面因素导致的：一是装配本身有着复杂的工艺流程和较高的工艺要求，例如其操作精确度比喷涂、焊接、搬运等更高；二是目前的机器人装配技术并不成熟，还有一些尚未解决的重要问题，例如装配效率低、控制精度不够、要求特定的装配环境、控制系统算法有待完善等。但随着产线自动化程度提高，实现自动化装配是适应生产方式变革的必然要求，装配机器人无疑成了工业机器人未来发展的重要方向之一。以下将从装配机器人的定义出发，使读者对装配机器人有初步了解。

（1）装配机器人的定义

装配机器人，顾名思义，即是能够代替人工完成装配工作的自动化工具，它是柔性自动化装配产线的核心。机器人的主要组成部件包括控制器、传感系统和末端执行器等，其中，控制器基于多级计算机系统性能，可以实现运动编程和机器人运行控制；传感系统主要用于采集环境信息、机器人运行状态信息和装配对象信息，为控制器计算处理提供数据支撑；末端执行器主要指根据不同装配需求配置的各种机械手、吸盘或夹具等。

从机器人的结构来看，主要可以分为直角坐标型、圆柱坐标型、水平关节型和多关节型等类型。目前，装配机器人在轴与孔的装配作业活动中应用广泛，由于产线上零部件的轴与孔的位置等可能存在误差，因此机器人的装配动作要有一定的柔性和灵活性，从而根据反馈的感知数据进行灵活调整，精确控制末端执行器的抓取力度和运动轨迹，以补偿位置误差、完成装配动作。

工业生产的各个领域普遍具有装配机器人的应用需求，包括机电产品及组件装配、家用电器（如洗衣机、电视机、电冰箱等）装配、计算机装配、汽车及其部件装配、玩具的装配等。比较典型的是汽车装配行业，在汽车巨头产商的工厂中，自动化产线装配作业模式已经完全代替了传统的人工装配，在提高装配效率和质量的同时，也降低了人员劳动强度和成本。

（2）装配机器人的分类

根据作业场景的差异，装配机器人可以分为以下类型，如图10-1所示。

① 直线型装配机器人。直线型装配机器人一般会配置一个或多个机械臂，可以沿着直线轨道移动来完成装配任务，包括零部件搬运、装配或产品包装等。该型机器人通常具有高精度、高速度、高重复性的特点，能够满足快节奏、大批量的产线装配需求。

图10-1 装配机器人的分类

② SCARA型装配机器人。SCARA型装配机器人的结构一般包含一个直线关节和两个旋转关节，具有4个自由度，最适用于平面定位，可以快速完成垂直方向上的装配任务。其精度、速度和重复性方面的优势可以在多种加工、装配场景中得到发挥。

③ Delta型装配机器人。Delta型装配机器人的结构通常包含两个独立的运动链和三个或更多的平行臂，具有2个或2个以上自由度。运行速度是该型机器人的最大优势，可以长时间短距离快速运行，适用于那些对装配速度要求高、产品体积小的生产线，例如电子元件、药品的装配、包装等。

④ 人形装配机器人。人形装配机器人的特征是其基本结构与人类相似，由头部、机械臂和腿部等部件组成，具有若干个自由度，有着高自主性、高灵活性的特点，可以在生产线上完成大件产品的搬运、装配、包装等任务。

⑤ 协作型装配机器人。随着自动化装配需求被不断挖掘，机器人的协同作业成为重要的研究方向之一，协作形式可以是同一机器人双臂协作，也可以是多机器人的协同。这一机制在一些精密装配的重型装配任务中可以发挥重要作用。

协作型装配机器人采用人机协同的运行方式，在装配环节中主要起到辅助作用。该型机器人一般具有柔性化、轻量化、安全性高等特点，可以实时调整作业节奏，配合人类在同一工作空间中完成装配、包装等任务，它在工序复杂难以实现全自动化的生产线中应用广泛。

⑥ 移动式装配机器人。移动式装配机器人可以在生产线上自由位移，并具有自动避障、自主导航定位等功能，可以适应那些需要在不同工作场所移动的生产线作业需求。可以代替人员完成动态产线中的装配任务，降低了人员的劳动强度，促进生产效率提高。

总之，装配机器人的类型是丰富多样的。在未来，随着工业机器人技术的发展和自动化产线需求的拓展，装配机器人相关技术将更加成熟，作业精度、运行速度和适应性将进一步提高，在不同的生产场景中得到普及应用。

10.1.2　装配机器人的基本组成

虽然不同产线对装配机器人的功能有着不同要求，但装配机器人在结构、系统组成等方面具有一定共性。未来，随着机器人技术的发展成熟，应用功能也将更加丰富，从而有力辅助生产企业的价值创造。本节将对装配机器人的基本组成进行介绍。

（1）装配机器人的结构组成

装配机器人的结构主要包含了主体、控制系统和驱动系统三个基本部分。主体主要是基座和手臂、关节、末端执行器等执行机构，装配机器人的运动自由度一般有3个以上，多的可以达到6个；控制系统负责数据处理与指令收发，以控制驱动系统和执行机构完成作业任务；驱动系统主要由传动机构和动力装置组成，是执行机构运行的动力来源。

（2）装配机器人的系统组成

以具有典型性的水平多关节型装配机器人为例，对装配机器人的系统组成进行介绍。该型机器人在结构上一般有两个回转关节，可以实现手腕转动和上下移动；4个自由度赋予了机器人较好的应用性能，通过更换不同类型的末端执行器，能够适应多种装配作业需求。

手爪是使用最广泛的末端执行器之一，主要可以分为电动手爪和气动手爪两种类型，电动手爪由于造价成本较高，应用普及的程度有限；气动手爪则基于成本、结构方面的优势，多应用于没有严格精度要求的场景。

传感器可以辅助机器人正确决策，提升装配机器人的作业柔性和灵活性。常用的传感器包括触觉/接近觉传感器、视觉传感器和力传感器等，如表10-1所示。

表10-1 装配机器人常用的传感器

常用传感器	具体内容
触觉/接近觉传感器	通常安装在执行器末端，用于校正装配工件与执行器之间的位置误差，防止因过度位移造成碰撞等
视觉传感器	基于图像识别技术对工件或零件位置进行判别、确认，校正末端执行器的运动状态
力传感器	通常安装在机器人的腕部，用以检测腕部受力情况，通常应用在去飞边或精密装配等需要精准控制操作力度的作业场景中

（3）装配机器人的周边设备

在自动化装配作业过程中，除了要求精准控制机器人的活动状态，还需要控制好工件搬运装置、零件供给装置等周边设备的运行状态。这些装置通常需要占用较大的工作空间，在成本投入方面甚至超过产线机器人。可编程控制器是对实现周边设备有效控制的基础，此外，安全栏、台架等部件也有助于保障生产顺利进行。

① 零件供给装置。该装置包含托盘或给料器等部件，为了保证工件在产线设备上平稳运行、避免其他工件的干扰，可能会使用托盘承载工件，机器人对到达正确位置的托盘中的工件进行有序操作；给料器的作用是基于回转机构或振动原理使零件有序排放，并输送到指定位置，辅助机器人装配作业。

② 工件搬运装置。传送带是该装置最常见的形式，主要任务是将工件运输到指定的作业位置。其主要技术要求是需要按照控制速度精确运行，在突然停止运行时能够缓解因减速带来的冲击和振动。

10.1.3　装配机器人的关键技术

装配机器人的应用可以有效提高生产装配效率和装配精度，减轻人员的劳动强度。但从目前的情况看，装配机器人的普及率比其他类型的工业机器人更低，究其原因，是由于装配作业更为复杂，对机器人的操作精度、操作柔性要求更高，而在装配环节的自动化技术还不够成熟，不能在成本、效率方面体现出绝对优势。图10-2是装配机器人所涉及的关键技术。

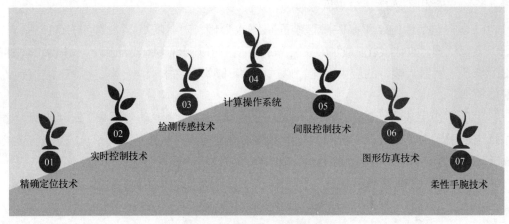

图10-2　装配机器人的关键技术

（1）精确定位技术

对装配机器人运动状态的控制精度取决于机电系统高频响应的暂态特性和机械系统静态运动精度两个因素，前者主要涉及幅值、时间常数、频率和波形等参数，容易受到系统开放动态特性、减振调节方式及外部跟踪信号的影响；后者主要涉及载荷变形误差、热变形误差和几何误差情况，主要受到设备的机械运动形式和制造精度的影响。

（2）实时控制技术

不仅在计算机对机器人的控制方面，在其他许多微机应用领域中，时延问题、功能是否符合应用需求等都是影响被控对象性能的主要因素。例如在多任务工作环境中，各个任务通常只能分时下发，而系统的开环动态特性、外部跟踪信号、减振方式等都会影响控制器的动态响应速度。

（3）检测传感技术

检测传感技术的应用目的是实时采集作业对象、环境和机器人自身运行状态的信息，将其反馈到控制系统中，为系统分析、计算、决策等活动提供数据支承。传感器技术是检测传感技术的关键，传感器的灵敏度、感知精度等性能对控制系统的性能产生了重要影响。

目前，检测传感技术的研究重点主要涉及两个方面：一是检测装置的研究与开发，二是传感器的应用。相关技术体系涵盖了图像传感技术、视觉技术、多维力觉传感技术、传感装置的集成与模块化技术等。

（4）计算操作系统

用于机器人控制的计算机通常搭载MS2DOS或Windows操作系统，前者是一种单任务操作系统，而后者是一种分时多任务操作系统，这两种系统都不能满足同时规划任务和伺服控制的要求。因此，有必要开发一款能够在MS2DOS或Windows上分别运行、协调上下位机、并进行精准实时控制的程序。

装配机器人软件的主要构成模块包括多任务监控模块、机器人语言编译模块、伺服控制模块和双系统握手通信模块等。系统启动后即处于初始化状态，通过双系统的连接，并以双口RAM中的数据和Semaphore锁存器参数为数据基础生成调度任务，结合机器人定位数据编译语言命令，然后由上、下位机同时执行。

（5）伺服控制技术

伺服控制模块作为装配机器人控制系统的核心，能够实现对机器人位移状态和静态力的精准控制，实现对机器人操作空间力和位置混合伺服控制，在动态力方面也体现出了良好的控制性能。

伺服控制模块上一层级的局部自由控制模块具有相对独立性，能够完成更为复杂、精密的装配任务（例如插方孔、圆孔等）。监督控制模块在整个系统中也起到了重要作用，它包括人工干预机制、系统作业安全机制和遥控机制，为自动化作业的安全性提供了有力保障。多任务控制器可以发挥实时任务控制器的作用，在工业装配机器人控制领域有着广泛应用，同时也可用于对移动机器人的实时控制。

（6）图形仿真技术

对于一些复杂的装配需求，示教编程需要消耗较多时间和人力，其效率无法满足自动化产线的效率要求。而如果将CAD系统与机器人控制器连接起来，结合数据库中既有的装配信息和机器人的运行数据进行离线编程，从而使机器人获得了在结构环境下的自我灵活控制的能力。

另外，可以在机器人控制器中集成图形仿真系统，则可以生成离线的机器人装配作业仿真图像，辅助验证装配程序的合理性及可执行性，直观地展示出该编程方式下机器人的运行状态，同时提升了操作界面的灵活性和友好度，赋予了控制器良好的人机交互性能。

（7）柔性手腕技术

一般来说，通用机器人也可用于装配操作。在装配过程中，可以基于机器人固有的结构柔性修正其操作误差；同时，通过分析机器人刚度的影响因素，来调整机器人结构参数，达到预期的刚度状态，以使机器人适应连续作业过程中的柔顺性需求。

由于装配环节对机器人的操作精度、运动灵活性和柔顺性的要求较高，因此在部分装配场景中，使用柔性操作手爪更有利于获得较好的装配质量。目前，部分厂商正在研制专门用于装配作业的柔顺手腕，这能够赋予机器人更多的灵活性和柔顺性，提高作业效率和质量。

10.1.4 我国装配机器人的发展趋势

基于丰富的自动化技术经验积累、多样化的市场需求和工业数字化的政策支持，我国的装配机器人研发已经取得了一定成果。目前，在机构设计制造方面出现了许多优秀的设计方案；在驱动系统设计、配置与控制、控制软件的设计与编制等方面，攻克了很多关键的技术问题；在自动化装配产线与周边配套设备的配置方面，掌握了协调控制、全线自动通信等技术；在基础元器件研发方面，对运动控制器、六轴力传感器和谐波减速器等元件的研发有了突破性进展。

我国已经研制出能够满足精密装配需求的装配机器人，例如在制造大省广东，一些厂商已经将机器人自动装配线投入了使用，典型的示范应用工程包括小型电器机器人自动装配线、吊扇电机机器人自动装配线、精密机芯机器人自动装配线和自动导引汽车发动机装配线等。

目前，在工业机器人领域的科研投入不断加大，针对装配机器人共性技术及关键技术的研究也不断深入，促使装配机器人更加多样化，其灵活性、应用性、智能化等性能不断提升。以下将对热点技术进行介绍。

① 机器人机构优化技术。使机器人的整体结构更加灵巧，其负载/自重比进一步提高，机构的模块化、可重构的趋势进一步加强。

② 多传感器融合技术。多传感器融合算法是使机器人控制系统准确感知数据的关键，这些算法需要处理线性与非线性、正态分布与非正态分布等类型的数据。另外，传感系统的实用化也是需要解决的问题之一。

③ 机器人控制技术。模块化、开放式的控制系统是重点研究方向，控制系统体积、容量进一步压缩，有利于提升数据处理效率；控制器的标准化、网络化，提升控制器在计算机系统中的适配性，也是目前的研究热点；进一步完善离线编程技术并提升其实用性，提高在线编程的可操作性和自动化编程能力，是现阶段装配机器人编程技术的研究目标。

④ 多智能体（multi-agent）协调控制技术。研究对象主要是多智能体的组成结构和相互间的磋商机理、通信机理。该技术领域兴起较晚，在建模与规划、感知与学习、群体行为控制等方面还有待深入探究。

⑤ 机器人遥控及监控技术。主要关注点在于通过建立一定范围的远程遥控系统，实现操作者与多机器人设备之间的高效交互与协调控制，提升机器人半自主和自主作业性能。

10.2 基于机器人的自动化装配应用

10.2.1 机器人自动化装配的价值

近年来，机器人技术飞速发展，并陆续被应用到多个行业和领域中。就目前来看，自动化装配行业中的企业已广泛使用人工智能来代替人力完成零件组合工作，这既能够解放生产力，大幅提高工业生产效率，也能够帮助企业降低人力成本和运营成本。

传统的自动化装配生产线对人力的依赖性较强，需要借助大量工人以流水线作业的形式完成零件组装工作，因此存在人力资源消耗较大和工业生产效率较低等不足之处。自动化装配可以借助机器人和自动化设备来完成产品组装和零部件装配工作，帮助企业提高生产效率和产品质量，减少在人力和运营等方面的成本支出。由此可见，机器人是工业领域的企业实现自动化装配的重要工具，自动化装配也在工业领域有着十分广阔的发展前景。

（1）工业机器人在自动化装配的应用优势

经济的飞速发展为制造业的发展提供了强大的驱动力，工业机器人的广泛应用也促进了各行各业快速发展。在制造业领域，工业机器人的应用大幅提高了工业生产和装配的自动化程度，具体来说，工业机器人在自动化装配生产中发挥的作用主要体现在以下几个方面，如图10-3所示。

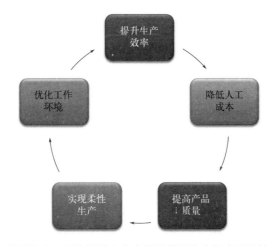

图10-3 工业机器人在自动化装配方向的应用优势

① 提升生产效率。工业机器人在自动化装配生产中的应用大幅提高了产品组装和产品装配的高效性、准确性，进而在短时间内完成产品装配工作，达到有效缩短产品交付周期的效果。

② 降低人工成本。工业机器人在自动化装配生产中的应用大幅提高了工业生产的自动化程度，降低了人力在工业生产中的参与度，且机器人可以全天候持续工作，充分确保工业生产的高效性，同时也能帮助企业减少人工成本支出。

③ 提高产品质量。机器人能够充分确保自身工作状态的稳定性，并实现精准测量、准确定位以及对力度和速度的有效控制，进而降低工业生产和装配的出错率，提高产品的装配质量和一致性。

④ 实现柔性生产。机器人可以借助编程快速装配和调整多种类型和多种型号的产品，并根据实际装配需求和相关要求对工作方式和装配程序进行灵活调整，快速满足不同生产线的装配要求。

⑤ 优化工作环境。机器人能够代替人处理一些具有重复性、危险性和烦琐性等特点的工作，并降低噪声和有害气体等污染物的排放量，从而优化工作环境，帮助工厂中的工作人员减轻工作压力，降低操作危险，提高工作环境的舒适度。

（2）机器人在自动化装配系统中的应用

机器人可以应用于汽车工业、电子工业、航空航天工业等多个领域中，为各个行业的自动化装配工作提供支持。例如，机器人在汽车工业中的应用能够大幅提高车身焊接、装配和涂装等多个环节的自动化程度；机器人在电子工业领域的应用能够代替人力自动完成电子元器件的分选、叠放和焊接等工作，全方位提高电子生产线的自动化水平。

随着机器人技术在自动化装配系统中的应用不断升级，系统的智能化、高效化和人机协同化程度也将得到进一步提升，机器人将发展得更加智能，并逐渐具备自我学习和自我感知等智能化功能，同时利用这些功能来提升工作效率和工作质量，协同人类来实现具有高效性、人性化、自动化等特点的工业装配。

总而言之，信息技术和机器人技术的发展为机器人技术在自动化装配系统中的深入应用提供了技术层面的支持。未来，机器人技术将会被广泛应用于自动化装配以及其他多个领域中，为各行各业的发展提供助力。

10.2.2 机器人自动化装配的关键技术

具体来说，工业机器人在自动化装配中所涉及的关键技术包括以下几项，如图10-4所示。

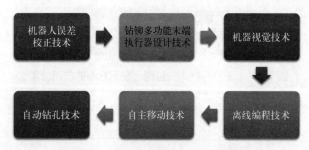

图10-4　机器人自动化装配的关键技术

（1）机器人误差校正技术

一般来说，半导体、手机装配等行业的自动化装配环节在机器人精度等方面有较高的要求，因此机器人需要严格控制定位误差，提高定位的精准度。在普通的装配行业中，机器人需要将重复定位的误差控制在0.1mm以内，且定位精度需要达到毫米级别，但就目前来看，许多工业机器人的绝对定位精度远低于重复定位精度，难以充分满足各个行业在自动化装配方面的需求。

由此可见，自动化装配相关行业需要充分发挥机器人误差校正技术的作用，提高机器人末端绝对定位精度，为机器人广泛应用于各个高精密行业提供支持。

（2）钻铆多功能末端执行器设计技术

机器人钻铆执行机构中的钻铆多功能末端执行器可以代替人力完成钻孔、锪窝、铆接等装配工作，是应用于自动化装配领域的工业机器人的重要组成部分。一般来说，钻铆多功能末端执行器需要根据机器人的应用场景、装配任务、生产需求和操作对象等因素进行设计，确保结构的科学性和合理性，以便在最大限度上提高装配效率。

（3）机器视觉技术

近年来，机器视觉技术快速发展，工业领域的各个行业开始利用机器视觉技术来处理各项工业生产任务，提高工业生产效率。具体来说，机器视觉是一种融合了机器人技术和图像处理技术的新兴技术，其在机器人设计中的应用能够增强机器人的感知能力，提高机器人的智能化水平，为机器人对自身所处的工业环境进行视觉感知提供技术上的支持，助力机器人更好地进行自主导航和自动工作。

与传统工业机器人相比，融合了机器视觉技术的工业机器人可以脱离固定位置，自主运行到指定地点，完成自动化装配工作，这既能够大幅提高装配工作的自动化和智能化水平，也有效提高了工业生产线的装配效率。

（4）离线编程技术

工业领域的企业需要利用离线程序为产品装配的各个环节制定机器人关节运动轨迹和末端运动轨迹，并在充分确保轨迹的科学性和合理性的基础上利用装配在机器人中的传感器设备采集角度数据和姿态数据，同时实现从模拟信号到数字信号的转化，以便驱动机器人的关节电机高效工作，在电机的驱动下运转各项相关程序，进而达到驱动产品装配作业的目的。由此可见，机器人操作效率受程序代码执行效率影响，企业需要利用离线编程技术编制机器人的产品自动生产操作程序，充分确保程序代码高效执行。

（5）自主移动技术

自主导航技术、激光雷达、超声波传感器等技术和设备的应用为工业机器人在装配车间中通过自主移动的方式完成各项工作提供了支持，机器人操作系统（robot operating system，ROS）的应用助力机器人实现了实时建模功能，机器人可以在以上各项技术和设备的支持下最大限度优化运行路径，并在运行过程中精准避障，但同时也需要及时处理车间等应用场景中对机器人存在干扰的环境因素，充分确保机器人自主导航的科学性、合理性和有效性。

（6）自动钻孔技术

舱室三维数字模型的应用能够帮助工业机器人提高打孔尺寸的确定速度，进而实现高效造孔。在螺纹孔加工过程中，工厂可以利用视觉识别或待加工孔位置输入等方式来驱动机器人的机械臂，将执行末端移动到待加工孔的位置，并利用气钻和电钻等钻孔工具在第一位置完成螺纹底孔的加工工作，利用攻螺纹工具进行螺纹加工。

与手工加工相比，基于舱室三维数字模型的打孔方式在打孔位置和打孔形状上有着更高的精度。对于部分借助惯性导航原理完成钻孔工作的机器人来说，需要在导航支架中加装一个多自由度的系统，提高支架的安装精度，从而确保整个装置可以灵活转动。除此之外，机器人还需要借助双闭环控制系统对支承结构进行精密控制，确保支承系统的结构能够有效支承机械臂灵活转动，以便助力机器人进一步提高自动钻孔的精准度。

10.2.3　机器人自动化装配的应用策略

（1）机器人在自动化装配应用中存在的问题

① 不考虑实际情况盲目应用。机器人在自动化装配中的应用有效提高了装配的效率和精度，许多企业开始将机器人引入到自身的工厂当中，试图利用机器人来高效处理各项工业装配相关工作，但由于部分企业缺乏对机器人的综合分析研究，并未科学合理地应用机器人，因此不仅没有促进企业效益快速增长，甚至还为企业管理带来了许多麻烦。这主要是因为许多企业在将机器人应用到工厂中时没有充分认识到配套设施设计、机器人维修维护和下岗员工安置等问题的重要性，没有充分发挥出机器人的作用，部分企业的配套设施无法满足机器人的应用需求，导致投资浪费，也无法有效提升工业生产效率。

② 缺乏相应的机器人与自动化配合技术。为了实现自动化装配，企业需要提高各项外围设备的柔性化程度，通过将机器人应用到装配工作中来促进柔性生产系统快速发展。与此同时，企业还需确保零件装配的精度和配合状态符合各项相关要求，但就目前来看，这一要求对机器人和装配过程来说都具有较大的难度。

机器人在自动化装配中的应用能够预先设计机器人运行路径轨迹，指定机器人的运行速度，消除装配设备和机器人之间的相互作用力。但由于当前的机器人技术还不够先进，无法支撑机器人根据既定的规划路径精准运行和作业，因此企业还需借助自动化技术来为机器人实现精准的作业提供支持。

（2）机器人在自动化装配中的应用策略

① 结合实际，注重实用。所有技术的应用和创新都应以提高实用性为目的，同时也要重视技术应用的生产安全系数和对企业效益的影响，因此企业在将机器人应用到自动化装配工作中时需要先明确自身的实际需求和条件。机械装配自动化技术主要应用于大批量生产机械设备的企业和设备柔性化程度较高的企业中，具体来说，规模较小的企业通常难以承担高昂的机器人维护和应用成本，其较小的生产规模也会造成机器人应用浪费，因此中小企业引入机器人可能不利于进一步提高企业效益；而具有一定规模的企业在充分了解自身实际且注重实用性的前提下引入机器人能够提高有效自身的生产效率和企业效益。

② 发展投资少、见效快的自动化技术。装配精度会随着零件之间作用力的增加而降低，因此企业需要对自动装配过程中的力进行严格控制，通过降低零件之间作用力的方式来提高装配精度。在控制方面，自动装配存在轨迹规划和装配零件之间相互作用力两项问题，企业在利用机器人来处理自动化装配工作时需要构建和完善与机器人配套的自动化体系，以便提高机器人在自动化装配过程中的可靠性。

具体来说，企业主要应采取以下手段来发展与机器人配套的自动化体系：

• 企业应从机器人本身和自动化技术参数设计两个方面入手，在确保机器人的功能、性能等不受影响的前提下，根据机器人的使用需求降低装配中零件之间的作用力，并合理调整机械运行的轨迹点位，高效处理各项利用机器人难以有效解决的相关问题。

• 企业应在升级自动化技术的同时降低自动化技术的成本，将机器人合理应用到自动化装配工作中，利用机器人代替人力完成装配任务，提高生产效率，不仅如此，还要构建自动化的装配设备生产线，为企业的发展提供强有力的支持。

• 企业应发展与机器人配套的自动化技术，并将自动化装配技术应用到产品生命周期的各个环节中，充分落实自动化技术应用项目的各项相关基础工作，同时根据自身实际情况推广应用机器人技术和自动化技术，为机器人应用打造配套的自动化元件和控制系统。

10.3 装配机器人在航空领域的应用

10.3.1 装配状态感知

航空航天零件具有尺寸多样化、结构复杂度高等特点，且各项零件装配任务的要求之间存在许多差异，作业空间通常较小，因此航空航天领域的企业难以对工装设备进行自动化装配，但人工装配存在装配精度低、装配效率低、装配质量不稳定等问题，不利于航空航天领域的高质量发展。

近年来，机器人技术的成熟度不断升高，机器人装配的自动化程度、灵活性、精准性和适用性也大幅提升，企业可以综合运用大行程龙门行车、AGV作业平台等工具进行智能化装配，进一步提高装配作业的柔性化、自动化和精细化程度。在航空航天领域，相关企业和专家对机器人智能装配技术的研究力度不断加大，各项相关技术和设备的成熟度也日渐提高，这都对航空航天领域的发展起到了促进作用。

航空航天领域的企业在进行机械装配时，既要协调好各个零部件的尺寸，也要在明确各项相关装配工艺和装配要求的前提下完成零部件安装和零部件匹配工作。企业难以在只使用位置控制的前提下完成以上各项操作，因此需要充分发挥机器人的力控制操作功能，但也要注意装配状态反馈的及时性。

就目前来看，许多协作机器人会借助电流反馈对关节力矩进行估算，但这种力矩计算方式存在噪声大、精准度低等不足之处，难以有效确保力矩控制精度，因此企业需要借助关节力度传感器来提高关节力矩的测量精度，以便准确识别并精准控制关节力矩。

装配在机器人末端的力感传感器可用于力矩检测，在装配、碰撞检测等工作中精准检测末端工具和物体之间的力矩，提高机器人在感知方面的智能化程度，在插孔装配、螺栓连接等工作中，机器人的接触力检测功能也可用于实时监测装配过程，为企业中的相关工作人员评估装配操作的成功度提供支持。

一般来说，环境、工艺和遮挡等都会影响机器人装配的视觉测量难度和精度，为了提高机器人装配精度，企业需要借助力觉信息检测反馈的方式来灵活调整装配位置，充分确保装配的稳定性。

不仅如此，企业还可以利用力觉反馈信息来强化系统的安全性和稳定性，并根据反馈信息对装配状态进行实时调控，防止出现机器人装配错误等问题。机器人装配状态感知融合了视觉感知和力觉感知两类技术，能够实时监测和反馈装配尺度、装配目标等信息，为机器人充分了解自身的零部件装配情况提供技术层面的支持，同时也能有效缓解各类不确定因素造成的不利影响，帮助机器人全面感知整个装配过程。

10.3.2 装配智能控制

装配对合操作时出现的接触挤压等问题可能会导致装配成功率降低或零部件受损。在重复精度的影响下，机器人无法以示教重现的方式实现高精度、低孔隙的装配。

机器人在进行装配的过程中需要先借助力传感器感知装配状态，再利用控制算法对各项配件进行对合控制，但摩擦、弹性变形和非线性问题等因素的存在会增加装配的不确定性，因此企业在使用机器人进行装配智能控制时，还需注意在规划和算法上减少各项不确定因素对机器人装配工作的影响。

一般来说，传统的装配控制大多以受力分析建模的方式对配件的接触情况进行控制，借助力传感器进行装配状态反馈，并据此制定具有针对性的控制策略。为了有效提高机器人装配的精度和智能化程度，企业还需以规划决策算法为中心，对机器人的融合感知能力和泛性化情况进行深入研究。

就目前来看，许多企业打造了多种类型的机理模型用于装配外部轮廓，在机器人进行装配作业时，企业也可以利用这些机理模型为机器人的装配工作提供指导，以便提高装配精度。但大多数企业对机理模型的研究都具有理想化的特点，在实际装配过程中可能难以灵活应对各类不确定性问题，因此企业需要从支持向量、神经网络、隐马尔可夫和模糊分类器等方面入手设计状态识别算法，减少噪声因素对机器人装配作业的影响。

航空航天领域的装配任务具有多样化的特点，企业针对各项不同的装配任务分别设计和构建状态识别模型存在成本高、难度大等问题，难以有效落地，因此企业还需加大对数据驱动模型的研究力度，并综合利用各项经验、知识和模型来总结归纳各类与自身实际需求相符的装配件对合方法。企业在利用机器人完成各项航空航天装配任务时，可以通过融合深度学习和强化学习的方式提高装配算法的科学性，促进装配算法和装配环境之间的交互，并在试错的过程中学习和积累经验，从而研究出更加科学、合理、有效的装配方法。

10.3.3 人机协同装配

航空航天装配作业具有复杂度高、工具多样化、工艺多样化等特点，航空航天领域的企业在利用机器人进行装配时，需要确保相关工作人员与机器人以及机器人与机器人之间的协同性，利用多机器人系统对各个机器人和各项装配任务进行科学合理的安排，并进一步提高机器人装配的容错性和灵活性。

在航空航天领域，企业在利用机器人完成装配工作时需要确保各个机器人在动作上的协调性和操作的合理性，并通过各个机器人之间的协同配合来推动整个系统实现高效装配。多机协同能够为机器人智能装配应用范围的扩张提供支持，但难以在装配场景较为复杂的情况下高效装配各项航空航天零部件，对人工操作的依赖性较强，因此企业需要进一步开发和强化人机协同能力。

从实际操作上来看，企业需要以安全、碰撞检测、理解等内容为核心对人机协同进行开发和研究。一般来说，安全指人机协同过程中的操作安全；碰撞检测指借助模拟分析的方式来降低安全事故发生率，提高装配作业的安全性和成功率；理解指机器人利用自身较为强大的分析能力和提取能力精准识别相关工作人员的操作意图，并在此基础上实现人机协作。

具备较强的理解能力的机器人能够精准感知装配过程，快速识别工作人员的动作，深入分析工作人员的操作意图，并在此基础上对相关工作人员的行为进行预测和理解，以便与工作人员互相协作，共同处理各项装配工作。在航空航天领域，机械装配的复杂度较高，企业需要强化机器人的学习能力，让机器人在学习中进一步优化控制操作策略，同时实现有效的人机协作，从而达到提高机器人智能装配的精准性和安全性的目的。

随着航空航天领域的快速发展，装配需求不断变化，企业应在实现人机协作的基础上进一步加强机器人的感知能力、决策能力和安全保障能力，并从多个角度对人机协同装配进行深入研究和创新。

10.3.4　典型应用场景

随着航空航天行业的不断发展，未来，机器人智能化装配将成为行业中零部件装配的主要方式，并在技术层面推动航空航天领域快速发展。对航空航天领域的企业来说，应以航空航天装配任务的具体特性和实际需求为核心，加大对机器人智能化装配技术的研究力度，并加强技术创新，推动技术升级，提高航空航天领域在零部件装配方面的装配质量、精准性和高效性。

（1）机器人自动化制孔装备

机械装配是飞机装配中的重要组成部分，制孔和连接是机械装配过程中重要性最高的环节。具体来说，人工制孔存在装配精度不高、装配效率不高、柔性化程度低、标准化程度低等不足之处，基于机器人自动化的制孔可以利用机器人自动化智能控制技术和装备实现精准高效制孔。

中航工业集团有限公司开发出的机器人柔性制孔系统具有自动制孔功能，能够以自动化的方式进行飞机活动翼面制孔作业，并将制孔精度控制在0.04mm以内，充分确保飞机装配的质量和效率。

中国商飞上海航空工业（集团）有限公司针对C919飞机的机身装配要求开发出的爬壁制孔机器人具有环向制孔功能，能够借助吸盘吸附定位的方式在机身筒段进行环向制孔，充分确保飞机装配的灵活性。

（2）航空自动检测机器人

为了充分保障飞机装配质量，航空航天领域的企业在利用机器人进行飞机装配时需要借助检测系统来获取装配状态信息。传统的检测方式大多存在灵活度低、柔性化程度不足、准确性低等问题，机器人测量系统的出现有效解决了这些问题，为企业提高飞机装配质量提供了强有力的支持。

空客A400M气体动力试验通过利用机器人检测承载面气体角度的方式提高了测量的精准度。2001年，英国OC机器人公司开发出了蛇形臂机器人原型，这种机器人根据实际任务需求进入机翼内测量各项相关项目。

自动检测机器人在航空航天领域的飞机总装检测和飞机部装检测工作中的应用大幅提高了检测效率和检测精度，也为航空航天装配提供了质量保障。

（3）航空大部件搬运

移动工业机器人是航空航天行业实现飞机柔性装配的重要工具，就目前来看，移动搬运平台技术已发展成熟，且已被广泛应用到航空部件搬运和航空部件位姿调节等工作中。具体来说，AGV自动搬运机器人的应用较为广泛，且具有搬运大部件和调整姿态的能力，能够在航空航天装配工作中发挥重要作用，随着科学技术不断发展升级，未来的AGV自动搬运机器人还将具备全向移动、多机编组、高精度定位、多机协同控制和三维调姿精度等多种功能，并在此基础上进一步优化和完善各项相关技术。

（4）飞机表面喷涂机器人

涂装是飞机装配过程中的重要环节，且具有一定的危险性，人工喷涂存在喷涂效率低、喷涂不均和影响工人身体健康等问题，因此航空航天行业需要利用喷涂机器人代替人力来完成飞机涂装工作。就目前来看，我国相关研究人员经过研究已经开发出了一款可用于飞机平尾等部件的喷涂机器人，有效解决了人工喷涂中存在的各项问题。

一般来说，飞机喷涂机器人可按照结构分为多机器人和特种喷涂机器人两种类型，且大多具有灵活性强、定位精度高、喷涂路径规划能力强和精准测评喷涂效果等优势，能够利用各项先进的技术手段进行精准定位、曲面喷涂路径规划和喷涂效果评测。

[1] 刘瑞轩. 四足机器人结构设计与仿真优化[D]. 北京：北方工业大学，2017.

[2] 范鹏飞. SCARA机器人结构优化设计及运动学仿真[D]. 合肥：合肥工业大学，2016.

[3] 王峰. 工业机器人应用中的机械结构设计方法研究[J]. 科技经济导刊，2016(8)：79.

[4] 王天然，曲道奎. 工业机器人控制系统的开放体系结构[J]. 机器人，2011，24（03）：25.

[5] 龚星如，沈建新，田威，等. 工业机器人的绝对定位误差模型及其补偿算法[J]. 南京航空航天大学学报，2012，44(z1)：60.

[6] 吴庆林. 信息技术在水利工程建设管理中的应用[J]. 水利规划与设计，2014(7)：8-10.

[7] 林代桂. 试论信息技术在水利工程建设管理中的运用[J]. 江西建材，2016(6)：140.

[8] 李蕾. 浅谈在水利工程建设管理中信息技术的应用[J]. 建设科技，2016(17)：93.

[9] 董娜娜. 智能控制在机器人中的应用研究[J]. 时代农机，2019，46(02)：26-27.

[10] 刘丰年. 智能控制在机器人领域中的应用[J]. 信息与电脑（理论版），2018(10)：125-126.

[11] 王超，宋公飞，徐宝珍. 基于IAGA的工业机器人时间最优轨迹规划[J]. 计算机仿真，2021(8).

[12] 魏彤，龙琛. 基于改进遗传算法的移动机器人路径规划[J]. 北京航空航天大学学报，2020(4).

[13] 孙波，姜平，周根荣，等. 改进遗传算法在移动机器人路径规划中的应用[J]. 计算机工程与应用，2019(17).

[14] 刘彩霞. 基于模糊推理技术PSO算法的机器人路径规划研究[J]. 机电工程，2019(4).

[15] 浦玉学，舒鹏飞，蒋祺，等. 工业机器人时间-能量最优轨迹规划[J]. 计算机工程与应用，2019(22).

[16] 李丽，房立金，王国勋. 基于多目标粒子群优化算法的6R工业机器人轨迹优化[J]. 机械传动，2018(8).

[17] 施祥玲，方红根. 工业机器人时间-能量-脉动最优轨迹规划[J]. 机械设计与制造，2018(4).

[18] 王雷，李明，蔡劲草，等. 改进遗传算法在移动机器人路径规划中的应用研究[J]. 机械科学与技术，2017(5).

[19] 沈悦，李银伢，戚国庆，等. 基于PSO的工业机器人时间-脉动最优轨迹规划[J]. 计算机测量与控制，2017，(1).

[20] 邓飙，张潇，龙勇，等. 基于五次B样条的起竖装置时间最优轨迹规划[J]. 组合机床与自动化加工技术，2016(6).

[21] 刘黎明，王雪斌. 基于机器视觉的工业机器人自动分拣系统设计[J]. 自动化应用，2022(1).

[22] 高松斌. 工业机器人视觉定位技术与应用探讨[J]. 机电技术，2021(6).

[23] 陈泽宁，张学习，彭泽荣，等. 基于机器视觉的工件定位和识别[J]. 电子科技，2016(4).

[24] 丁吉祥，杜姗姗. 基于针孔模型与相机空间操作的机械臂视觉定位方法[J]. 计算机工程，2015(12).

[25] 孟英楠. 工业机器人在自动化控制领域的应用[J]. 设备管理与维修，2017(10)：118-119.

[26] 郝建豹. 工业机器人技术及应用课程建设的探索[J]. 广东职业技术教育与研究，2017(01).

[27] 程良. 工业机器人专业的开发现状分析与实践[J]. 科技风，2016(17).

[28] 张鹏程，张铁. 基于矢量积法的六自由度工业机器人雅可比矩阵求解及奇异位形的分析[J]. 机械设计与制造，2011(8)：152-154.

[29] 程伟. 西门子S7-1200控制器与ABB IRB 120工业机器人的TCP通信研究[J]. 现代工业经济和信息化，2022, 12(8).

[30] 陈峰，孟宇，杨至诚. 基于Socket方式实现不同品牌PLC之间的通信[J]. 化工自动化及仪表，2020(1).

[31] 张健，刘韦，宋丽. 基于力传感器重力补偿的机器人主动柔顺插孔控制方法[J]. 制造业自动化，2022, 44(3).

[32] 陶飞，张辰源，戚庆林，等. 数字孪生成熟度模型[J]. 计算机集成制造系统，2022, 28(5).

[33] 刘娟，庄存波，刘检华，等. 基于数字孪生的生产车间运行状态在线预测[J]. 计算机集成制造系统，2021(2).

[34] 孙立宁，许辉，王振华，等. 工业机器人智能化应用关键共性技术综述[J]. 振动测试与诊断，2021(2).

[35] 邓建新，卫世丰，石先莲，等. 基于数字孪生的配送管理系统研究[J]. 计算机集成制造系统，2021(2).

[36] 赵浩然，刘检华，熊辉，等. 面向数字孪生车间的三维可视化实时监控方法[J]. 计算机集成制造系统，2019(6).

[37] 陶飞，刘蔚然，张萌，等. 数字孪生五维模型及十大领域应用[J]. 计算机集成制造系统，2019(1).

[38] 李廉水，石喜爱，刘军. 中国制造业40年：智能化进程与展望[J]. 中国软科学，2019(1).

[39] 李彦瑞，杨春节，张瀚文，等. 流程工业数字孪生关键技术探讨[J]. 自动化学报，2021, 47(3): 501-514.

[40] 胡梦岩，孔繁丽，余大利，等. 数字孪生在先进核能领域中的关键技术与应用前瞻[J]. 电网技术，2021(7).